教育部世行贷款 21 世纪初高等教育教学改革项目研究成果

中国石油和化学工业优秀教材奖

化工原理实验

"十二五"普通高等教育本科国家级规划教材之配套教材

第二版

杨祖荣　主编

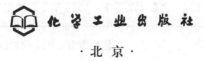

化学工业出版社

·北京·

本书为化工原理实验教材，内容包括：实验数据的测量及误差分析；实验数据的处理与实验设计方法；化工实验常用参数测控技术；化工原理及化工基础实验；计算机数据处理及实验仿真；化工原理实验常用仪器仪表及附表等。本书理论联系实际，强调工程观点和方法论，同时还适当介绍了计算机测控技术和数据处理方法。

本书可作为大专院校化工原理实验教材，也可供化工、生物化工、环境及相关部门的技术人员参考。

图书在版编目（CIP）数据

化工原理实验/杨祖荣主编. —2版. —北京：化学工业出版社，2014.1（2024.2重印）

教育部世行贷款21世纪初高等教育教学改革项目研究成果

"十二五"普通高等教育本科国家级规划教材之配套教材

ISBN 978-7-122-19092-5

Ⅰ.①化… Ⅱ.①杨… Ⅲ.①化工原理-实验-高等学校-教材 Ⅳ.①TQ02-33

中国版本图书馆CIP数据核字（2013）第279235号

责任编辑：杨　菁　　　　　　　　　　　　文字编辑：刘莉珺
责任校对：王素芹　　　　　　　　　　　　装帧设计：张　辉

出版发行：化学工业出版社（北京市东城区青年湖南街13号　邮政编码100011）
印　　装：北京印刷集团有限责任公司
787mm×1092mm　1/16　印张8¼　字数197千字　2024年2月北京第2版第11次印刷

购书咨询：010-64518888　　　　　　售后服务：010-64518899
网　　址：http://www.cip.com.cn
凡购买本书，如有缺损质量问题，本社销售中心负责调换。

定　　价：29.00元

前言

本书是教育部教学改革工程世行贷款 21 世纪高等教学改革项目《化工类人才培养模式、教学内容、教学方法和教学技术改革的研究与实施》的研究成果之一。本书第一版 2007 年获得第八届中国石油和化学工业优秀教材一等奖。

本书以化工单元操作实验研究中常用的实验技术为主要内容，结合工程实际编写而成。全文包括实验数据的测量及误差分析、实验数据处理与实验设计方法、化工实验常用仪表及控制技术、化工原理基础实验及综合实验、计算机数据处理及实验仿真、实验室常用仪器仪表等。

随着科学技术和教学改革的深入发展，学科与学科、课程与课程之间的相互渗透，推动了各学科与课程的改革和发展。因此，我们认为，化工原理实验在完成化工基本训练外，适当引进计算机过程模拟和测控技术，对改革本课程内容和拓宽学生知识面，以适应社会发展和 21 世纪人才的培养是必要的。十多年来，我们先后开发了流体阻力、离心泵性能、板框及动态过滤、传热、精馏、吸收、流化床干燥、萃取、萃取蒸馏等单元实验装置，并多次改进它们的性能，积累了一些小型化工单元实验装置开发、设计的经验，我们在本书部分实验中，增加了开发、设计要点，以供读者实践时参考。

本书由杨祖荣主编，参加编写的还有曹仲义、王宇、黄海、陈旭东、赵东等。本书承蒙清华大学雷良恒教授主审，并提出宝贵意见。在编写过程中，编者的同事丁仲伟教授等给予了热情的支持和帮助，在此向他们表示深切的谢意。由于编者的学识和经验有限，书中不妥之处，衷心希望读者指正。

编者
2013 年 6 月

第一版前言

　　本书是教育部教学改革工程世行贷款 21 世纪高等教学改革项目《化工类人才培养模式、教学内容、教学方法和教学技术改革的研究与实施》的研究成果之一。

　　本书以化工单元操作实验研究中常用的实验技术为主要内容，结合工程实际编写而成。全文包括实验数据的测量及误差分析、实验数据处理与实验设计方法、化工实验常用仪表及控制技术、化工原理基础实验及综合实验、计算机数据处理及实验仿真、实验室常用仪器仪表等。

　　随着科学技术和教学改革的深入发展，学科与学科、课程与课程之间的相互渗透，推动了各学科与课程的改革和发展。因此，我们认为，化工原理实验在完成化工基本训练外，适当引进计算机过程模拟和测控技术，对改革本课程内容和拓宽学生知识面，以适应社会发展和 21 世纪人才的培养是必要的。我们分别对流体阻力、离心泵性能、板框及动态过滤、传热、精馏、吸收、流化床干燥七种单元实验装置进行了研发，以摸索经验，并介绍给读者。

　　本书由杨祖荣主编，参加编写的同志还有曹仲义、陈旭东、黄海、王宇、赵东等。本书承蒙清华大学雷良恒教授主审，并提出许多宝贵意见。在编写过程中，编者的同事给予了热情的支持和帮助，在此向他们表示深切的谢意。

　　本书由于编写时间仓促，再加上编者的学识和经验有限，书中不妥之处，衷心希望读者指正。

编者

2003 年 8 月

目 录

绪论 ··· 1

  一、化工原理实验的目的 ··· 1

  二、化工原理实验的进行及注意事项 ··· 1

  三、实验室规则 ··· 2

第一章　实验数据的测量及误差分析 ··· 3

  第一节　实验数据的测量 ··· 3

    一、有效数据的读取 ··· 3

    二、有效数字的计算规则 ··· 4

  第二节　实验数据测量值及其误差 ··· 5

    一、真值 ·· 5

    二、误差的表示方法 ··· 5

    三、误差的分类 ··· 6

    四、准确度、精密度和正确度 ··· 7

  第三节　随机误差的正态分布 ··· 8

    一、随机误差的正态分布 ··· 8

    二、概率密度分布函数 ··· 9

    三、随机误差的表达方法 ··· 9

  第四节　可疑值的判断与删除 ··· 10

    一、拉依达准则 ··· 10

    二、肖维勒准则 ··· 11

    三、格拉布斯准则 ··· 11

  第五节　最可信赖值的求取 ··· 14

    一、常用的平均值 ··· 14

    二、最小二乘法原理与算术平均值的意义 ··· 15

第二章　实验数据的处理与实验设计方法 ··· 17

  第一节　实验数据的整理方法 ··· 17

    一、列表法 ·· 17

二、图示法 ……………………………………………………………… 18

三、方程表示法 ………………………………………………………… 19

第二节 实验数据的处理方法 ……………………………………………… 21

一、数据回归方法 ……………………………………………………… 21

二、数值计算方法 ……………………………………………………… 24

第三节 正交实验设计 ……………………………………………………… 25

一、正交实验设计方法 ………………………………………………… 25

二、正交实验设计注意事项 …………………………………………… 27

重要符号表 …………………………………………………………………… 27

第三章 化工实验常用参数测控技术 ……………………………………… 28

第一节 温度测量及控制 …………………………………………………… 28

一、热膨胀式温度计 …………………………………………………… 29

二、热电偶温度计 ……………………………………………………… 30

三、热电阻温度计 ……………………………………………………… 32

四、温度计的标定 ……………………………………………………… 33

五、温度控制技术 ……………………………………………………… 33

六、温度计安装使用注意事项 ………………………………………… 33

第二节 压力、压差测量及控制 …………………………………………… 34

一、常用检测元件及原理 ……………………………………………… 34

二、压力的控制技术 …………………………………………………… 37

三、压力传感器安装使用注意事项 …………………………………… 38

第三节 流量测量 …………………………………………………………… 39

一、差压式流量计 ……………………………………………………… 39

二、转子流量计 ………………………………………………………… 39

三、涡轮流量计 ………………………………………………………… 39

四、质量流量计 ………………………………………………………… 40

五、流量的控制技术 …………………………………………………… 40

六、流量传感器安装使用注意事项 …………………………………… 41

第四节 功率测量 …………………………………………………………… 41

一、单相功率 …………………………………………………………… 41

二、三相功率 …………………………………………………………… 41

三、功率信号的检测方法 ……………………………………………… 42

四、泵轴功率的测量 …………………………………………………… 42

第四章 化工原理及化工基础实验 ………………………………………… 43

实验一 流体流动阻力的测定 ……………………………………………… 43

实验二 离心泵性能实验 …………………………………………………… 47

实验三 板框及动态过滤实验 ……………………………………………… 51

实验四 传热膜系数测定实验 ……………………………………………… 56

实验五 精馏实验 …………………………………………………………… 59

　　实验六　氧解吸实验 ·· 63

　　实验七　流化床干燥实验 ·· 69

　　实验八　萃取实验 ·· 74

　　实验九　萃取精馏制取无水乙醇实验 ································ 76

　　实验十　雷诺演示实验 ·· 78

　　实验十一　流体机械能转换演示实验 ································ 79

　　实验十二　温度、流量、压力校正实验 ······························ 81

　　重要符号表 ·· 85

第五章　计算机数据处理及实验仿真 ·································· 87

　第一节　计算机数据处理 ·· 87

　　一、用 Excel 完成实验数据处理 ···································· 87

　　二、使用 MATLAB 完成实验数据处理 ································ 88

　第二节　实验仿真 ·· 93

　　一、仿真简介 ·· 93

　　二、化工原理仿真实验软件 ·· 94

第六章　化工原理实验常用仪器仪表 ·································· 98

　第一节　人工智能调节器 ·· 98

　　一、面板说明 ·· 98

　　二、基本使用操作 ·· 99

　　三、使用示例 ·· 99

　第二节　阿贝折光仪 ·· 99

　　一、工作原理与结构 ·· 99

　　二、使用方法 ·· 100

　　三、注意事项 ·· 101

　第三节　YSI-550A 溶氧仪 ·· 101

　　一、YSI-550A 溶氧仪氧探头基本结构 ······························ 101

　　二、工作原理 ·· 101

　　三、标定 ·· 102

　　四、测量 ·· 102

　　五、注意事项 ·· 102

　第四节　FLUKE-45 双显多用表简介 ·································· 103

　　一、面板说明 ·· 103

　　二、操作指南 ·· 103

　　三、注意事项 ·· 104

　第五节　变频器 ·· 104

　　一、面板说明 ·· 104

　　二、变频器简易操作步骤 ·· 105

　　三、操作示例 ·· 105

附录 ·· 106

附录一　常用数据表 ……………………………………………………… 106

附录二　正交表 …………………………………………………………… 115

附录三　F 分布数值表 …………………………………………………… 118

附录四　实验常见故障 …………………………………………………… 121

参考文献 ……………………………………………………………… 123

绪　　论

一、化工原理实验的目的

化工原理是紧密联系化工生产实际，实践性很强的一门基础技术课程。化工原理实验则是学习、掌握和运用这门课程必不可少的重要环节，它与理论教学、习题课、课程设计等教学环节构成一个有机的整体。化工原理实验与化学实验不同之处在于它具有明显的工程特点，即具有工程或中间试验规模。因此，它所得到的结论，对于化工单元设备与过程的设计和操作，具有重要的指导意义。通过实验，应达到如下目的：

① 验证化工单元过程的基本理论，并在运用理论分析实验的过程中，使理论知识得到进一步的理解和巩固；

② 熟悉实验装置的流程、结构，以及化工中常用仪表的使用方法；

③ 掌握化工原理实验的方法和技巧，例如，实验装置的流程、操作条件的确定、测控元件及仪表的选择、过程控制和准确数据的获得，以及实验操作分析、故障处理等；

④ 增强工程观点，培养科学实验能力，如培养学生进行实验设计，组织实验，并从中获得可靠的结论和基础数据，初步掌握化工单元设备与过程的设计能力；

⑤ 提高计算、分析问题及编写科学实验报告的能力，运用计算机及软件处理实验数据，以数学方式或图表科学地表达实验结果，并进行必要的分析讨论，编写完整的实验报告。

二、化工原理实验的进行及注意事项

① 实验前，应认真预习教材中的有关理论，明确实验目的要求，详细了解实验流程、装置及主要设备的结构、测控元件及仪器仪表的使用方法，准确掌握实验操作步骤、数据测量和整理的方法。为了保证实验能够顺利进行，应预先做出原始数据的记录表格，并要对所测数据及其变化趋势，力求做到心中有数，即对实验的预期结果、可能发生的故障及其排除方法，做出预测和预案。实验由3~4人组成一个小组，实验小组成员共同进行同一实验项目，要求每组同学在实验前认真讨论实验方案，做到分工明确。

② 实验过程中，应认真操作，如实地按照仪表显示的数据进行记录，同时，要细心观察，注意发现问题。实验中发生的各种现象，要加以思考、分析。对测得的数据，要考虑它们是否合理，若出现数据重复性差，甚至反常现象，务必找出原因加以解决，必要的返工是需要的，任何草率、不负责任的工作态度是决不允许的。

③ 实验做完后，应认真地完成实验报告的整理、编写工作。编写报告是整个实验的最后环节，也是学生进行综合训练的重要环节，实验报告中，学生应将测得的数据、观察到的

现象、计算结果和分析结论等用科学和工程的语言进行表达。实验报告必须书写工整，图表清晰规范，结论明确，分析中肯，能提出自己的见解，提高计算与分析问题的能力和编写科技实验报告的能力。

实验报告应包括以下各项内容：

① 报告题目；

② 实验时间，报告人，同组人；

③ 实验目的及任务；

④ 所依据的基本理论；

⑤ 实验装置示意流程图及主要测试仪器仪表；

⑥ 实验操作要点；

⑦ 实验数据的整理、计算示例；

⑧ 实验结果及结论的归纳与总结；

⑨ 分析讨论；

⑩ 参考文献；

⑪ 对部分专业学生，要求写报告摘要和关键词，并列于报告之首。[摘要应简明阐述本实验的工艺条件，如温度、压力、物系；实验装置及重要测量仪器；研究或测定的目的；所得到的结果（经验关联式），并与公认值比较。一般在 200 字左右。]

三、实验室规则

① 准时进实验室，不得迟到，不得无故缺课。

② 遵守纪律，严肃认真地进行实验，室内不准吸烟，不准大声谈笑歌唱，不得穿拖鞋进入实验室，不要进行与实验无关的活动。

③ 在没有搞清楚仪器设备的使用方法前，不得运转。在实验时要得到教师许可后方可开始操作，与实验无关的仪器设备，不得乱摸乱动。

④ 爱护仪器设备，节约水、电、气及药品，开闭阀门不要用力过大，以免损坏。仪器设备如有损坏，立即报告指导教师，并于下课前填写破损报告单，由指导教师审核上报处理。

⑤ 注意安全及防火，开动电机前，应观察电动机及其运动部件附近是否有人在工作，合电闸时，应慎防触电，并注意电机有无异常声音。精馏塔附近不准使用明火。

⑥ 保持实验室及设备的整洁，实验完毕后将仪器设备恢复原状并做好现场清理工作，衣服应放在固定地点，不得挂在设备上。

第一章

实验数据的测量及误差分析

科学研究是以实验工作为基础，在实验中需测定大量的实验数据，并对其进行分析、计算，再整理成图表、公式或经验模型。为了保证实验结果的可靠性与精确性，就要正确地测取、处理和分析这些数据，同时应了解、掌握实验过程中误差产生的原因和规律，并用科学的实验方法，尽可能地减小误差，以下就这方面的基本知识加以介绍。

第一节　实验数据的测量

一、有效数据的读取

1. 实验数据的分类

在化工实验过程中，经常会遇到两类数字。

（1）无量纲量，这一类数据都没有量纲，例如：圆周率（π）、自然对数（e），以及一些经验公式的常数值、指数值。对于这一类数据的有效数字，其位数在选取时可多可少，通常依据实际需要而定。

（2）另一类数据是有量纲的数据，用来表示测量的结果。在实验过程中，所测量的数据大多是这一类，例如：温度（T）、压强（p）、流量（Q）等。这一类数据的特点是除了具有特定的单位外，其最后一位数字通常是由测量仪器的精确度所决定的估计数字。就这类数据的测量的难易程度和采用的测量方法而言，一般可利用直接测量和间接测量两种方法进行测量。

2. 直接测量时有效数字的读取

直接测量是实现物理量测量的基础，在实验过程中应用十分广泛，例如：用温度计测量温度、用压差计测量压力（压差）、用秒表测量时间等等。直接测量值的有效数字的位数取决于测量仪器的精度。测量时，一般有效数字的位数可保留到测量仪器的最小刻度后一位，这最后一位即为估计数字。例如（见图 1-1）使用精确度为 0.1cm 的刻度尺测量长度时，其数据可记为 22.26cm，其有效数字为 4 位，最后一位为估计数字，其大小可能随实验者的读取习惯不同而略有差异。

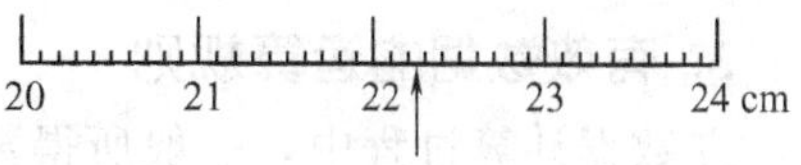

若测量仪器的最小刻度不是以 1×10^n 为单位（见

图 1-1　刻度尺示数的读取

图 1-2），则估计数字为测量仪器的最小刻度位即可。

图 1-2　不同最小刻度的刻度尺示数的读取

其数据可记为：
① 22.3cm，有效数字为 3 位；
② 22.7cm，有效数字为 3 位。

3. 间接测量时，有效数字的选取

在实验过程，有些物理量难于直接测量时，可选用间接测量法，例如：测量水箱内流体的质量，可通过测量水箱内水的体积计算得到；测量管内流体的流速时，可通过测量流体的体积流量及圆管的直径，计算得到。通过间接测量得到的有效数字的位数与其相关的直接测量的有效数字有关，其取舍方法服从有效数字的计算规则。

二、有效数字的计算规则

1. "0" 在有效数字中的作用

测量的精度是通过有效数字的位数来表示的，有效数字的位数应是除定位用的 "0" 以外的其余数位，但用来指示小数点位数或定位的 "0" 则不是有效数字。

对于 "0" 我们必须注意，50g 不一定是 50.00g，它们的有效数字位数不同，前者为 2 位，后者有 4 位，而 0.050g 虽然有 4 位数字，但有效数字仅有 2 位。

在科学研究与工程计算中，为了清楚地表示出数据的精度与准确度，可采用科学记数法进行表示。其方法为：先将有效数字写出，并在第一个有效数字后面加上小数点，并用 10 的整数幂来表示数值的数量级。例如：若 981000 的有效数字为 4 位，就可以写成 9.810×10^5，若其只有 3 位有效数字就可以写成 9.81×10^5。

2. 有效数字的舍入规则

在数字计算过程中，确定有效数字位数，舍去其余数位的方法通常是将末尾有效数字后边的第一位数字采用四舍五入的计算规则。

若在一些精度要求较高的场合，则要采用如下方法。

（1）末尾有效数字后的第一位数字若小于 5，则舍去。

（2）末尾有效数字后的第一位数字若大于 5，则将末尾有效数字加上 1。

（3）末尾有效数字后的第一位数字若等于 5，则由末尾有效数字的奇偶而定，当其为偶数或 0 时，则不变；当其为奇数时，则加上 1（变为偶数或 0）。

如对下面几个数保留 3 位有效数字：

$$25.44 \rightarrow 25.4 \qquad 25.45 \rightarrow 25.4$$
$$25.47 \rightarrow 25.5 \qquad 25.55 \rightarrow 25.6$$

3. 有效数据的运算规则

在数据计算过程中，一般所得数据的位数很多，已超过有效数字的位数，这样，就需将多余的位数舍去，其运算规则如下。

（1）在加减运算中，各数所保留的小数点后的位数，与各数中小数点后的位数最少的相一致。例如：将 13.65，0.0082，1.632 三个数相加，应写成

$$13.65+0.01+1.63=15.29$$

（2）在乘除运算中，各数所保留的位数，以原来个数中有效数字位数最少的那个数为准，所得结果的有效数字位数，亦应与原来各数中有效数字位数最少的那个数相同。例如：将 0.0121，25.64，1.05782 三个数相乘，应写成：

$$0.0121×25.6×1.06=0.328$$

（3）在对数计算中，所取对数位数与真数有效数字位数相同。

$$\lg 55.0=1.74$$
$$\ln 55.0=4.01$$

第二节 实验数据测量值及其误差

在实验测量过程中，由于测量仪器的精密程度，测量方法的可靠性，以及测量环境、人员等多方面的因素，使测量值与真值间不可避免地存在着一些差异，这种差异称为误差。误差是普遍存在于测量过程中的，通过本节的学习，可了解误差存在的原因及减小实验误差的方法。

一、真值

真值也叫理论值或定义值，是指某物理量客观存在的实际值。由于误差存在的普遍性，通常真值是无法测量的。在实验误差分析过程中，常通过如下方法来选取真值。

1. 理论真值

这一类真值是可以通过理论证实而知的值。例如：平面三角形的内角和为 180°；某一量与其自身之差为 0，与其自身之比为 1；以及一些理论设计值和理论公式表达值等。

2. 相对真值

在某些过程中（如化工过程），常使用高精度级标准仪器的测量值代替普通测量仪器的测量值的真值，称为相对真值。例如：用高精度铂电阻温度计测量的温度值相对于普通温度计指示的温度值而言是真值；用标准气柜测量得到的流量值相对于转子流量计及孔板流量计指示的流量而言是真值。

3. 近似真值

若在实验过程中，测量的次数为无限多，则根据误差分布定律，正负误差出现的概率相等，故将各个测量值相加，并加以平均，在无系统误差的情况下，可能获得近似于真值的数值。所以近似真值是指观测次数无限多时，求得的平均值。

然而，由于观测的次数有限，因此用有限的观测次数求出的平均值，只能近似于真值，并称此最佳值为平均值。

二、误差的表示方法

1. 绝对误差

某物理量经测量后，测量结果（x）与该物理量真值（μ）之间的差异，称为绝对误差，

记为 δ，简称误差。

$$绝对误差＝测量值－真值$$

即
$$\delta = x - \mu \tag{1-1}$$

在工程计算中，真值常用算术平均值（$\bar{x}$）或相对真值代替，则上式可写为：

$$绝对误差＝测量值－精确测量值＝测量值－算术平均值$$

即
$$\delta = x - \bar{x} \tag{1-2}$$

2. 相对误差

绝对误差与真值的比值，即为相对误差，即

$$相对误差＝绝对误差/真值$$

相对误差可以清楚地反映出测量的准确程度，如下式：

$$相对误差 = \frac{绝对误差}{测量值-绝对误差} = \frac{1}{测量值/绝对误差-1} \tag{1-3}$$

当绝对误差很小时，测量值/绝对误差$\gg 1$，则有

$$相对误差＝绝对误差/测量值 \tag{1-4}$$

绝对误差是一个有量纲的值，相对误差是无量纲的真分数。通常，除了某些理论分析外，用测量值计算相对误差较为适宜。

3. 引用误差

为了计算和划分仪器准确度等级，规定一律取该量程中的最大刻度值（满刻度值）作为分母，来表示相对误差，称为引用误差。

$$引用误差 = \frac{示值误差}{满刻度值} \tag{1-5}$$

式中，示值误差为仪表某指示值与其真值（或相对真值）之差。

仪表精度等级（S）（最大引用误差）：

$$S = \frac{最大示值误差}{最大刻度值} \tag{1-6}$$

测量仪表的精度等级是国家统一规定的，按引用误差的大小分成几个等级，把引用误差的百分数去掉，剩下的数值就称为测量仪表的精度等级。例如，某台压力计最大引用误差为 1.5%，则它的精度等级就是 1.5 级，可用 1.5 表示，通常简称为 1.5 级仪表。电工仪表的精度等级分别为 0.1，0.2，0.5，1.0，1.5，2.5 和 5.0 七个等级。

三、误差的分类

根据误差产生的因素及其性质，可将误差分为三类：系统误差、随机误差和过失误差。

1. 系统误差

系统误差是指在一定条件下，对同一物理量进行多次测量时，误差的数字保持恒定，或按照某种已知函数规律变化。在误差理论中，系统误差表明一个测量结果偏离真值或实际值的程度。系统误差的大小可用正确度来表征，系统误差越小，正确度越高；系统误差越大，正确度越低。

系统误差的产生通常有以下几点原因。

（1）测量仪器　仪器的精度不能满足要求或仪器存在零点偏差等。

（2）测量方法　由近似的测量方法测量或利用简化的计算公式进行计算。

（3）环境及人为因素　指温度、湿度、压力等外界因素以及测量人员的习惯，对测量过程引起的误差。

由于系统误差是误差的重要组成部分，在测量时，应尽力消除其影响，对于难于消除的系统误差，应设法确定或估计其大小，以提高测量的正确度。

2. 偶然误差（又称随机误差）

偶然误差是一种随机变量，因而在一定条件下服从统计规律。它的产生取决于测量中一系列随机性因数的影响。为了使测量结果仅反映随机误差的影响，测量过程中应尽可能保持各影响量以及测量仪表、方法、人员不变，即保持"等精度测量"的条件。随机误差表现了测量结果的分散性。在误差理论中，常用精密度一词来表征随机误差的大小。随机误差越小，精密度越高。

3. 过失误差（又称粗差）

过失误差是由于测量过程中明显歪曲测量结果的误差。如测错（测量时对错标记等），读错（如将 6 读成了 8），记错等都会带来过失误差。它产生的原因主要是粗枝大叶、过度疲劳或操作不正确。含有过失误差的测量值被称为坏值，正确的实验结果不应该含有粗差，即所有的坏值都要剔除。坏值的剔除方法在本章第四节详细介绍。

四、准确度、精密度和正确度

1. 准确度（又称精确度）

反映系统误差和随机误差综合大小的程度。

2. 精密度

反映偶然误差大小的程度。

3. 正确度

反映系统误差大小的程度。

对于实验来说，精密度高的正确度不一定高，同样正确度高的精密度也不一定高，但准确度高则精密度和正确度都高。如图 1-3 所示，（a）为系统与随机误差都小，即准确度高。（b）为系统误差大，而随机误差小，即正确度低而精密度高。（c）为系统误差小［与（b）相比］，而随机误差大，正确度高而精密度低。

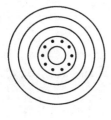　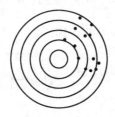　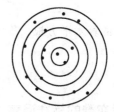

（a）准确度　　　　　　（b）精密度　　　　　　（c）正确度

图 1-3　准确度、精密度和正确度关系示意

第三节 随机误差的正态分布

—— 高斯（Gauss）误差分布

一、随机误差的正态分布

1. 正态分布

通过大量的测量与实践人们发现随机误差的分布服从正态分布，其分布曲线如图 1-4 所示。图中横坐标为随机误差，纵坐标为概率密度分布函数 $f(\delta)$。

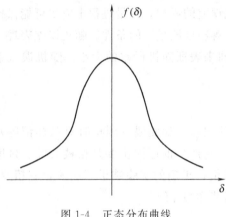

图 1-4 正态分布曲线

落在 δ 和 $(\delta+\mathrm{d}\delta)$ 之间的随机误差的概率可用下式表示：

$$P(\delta) = f(\delta)\mathrm{d}\delta \tag{1-7}$$

正态分布具有如下特征。

（1）单峰性 绝对值小的误差出现的概率比绝对值大的误差出现的概率大。

（2）对称性 绝对值相等的误差，正负出现的概率大致相等。

（3）有界性 在一定测量条件下，误差的绝对值实际上不超过一定的界限。

（4）抵偿性 在同一条件下对同一量测量，各误差 δ_i 的算术平均值，随测量次数增加而趋于零。即

$$\lim_{n \to \infty} \frac{1}{n} \sum_{i=1}^{\infty} \delta_i = 0$$

2. 算术平均值与方差

设在等精度条件下，对被测量值进行 n 次测量，得测量值为 x_1，x_2，$\cdots$，x_l，x_n，其随机误差为 δ_1，δ_2，$\cdots$，δ_l，δ_n，则测得结果的算术平均值为：

$$\overline{x} = \frac{1}{n} \sum_{i=1}^{n} x_i \tag{1-8}$$

测得结果的方差可表示为：

$$\sigma^2 = \frac{1}{n} \sum_{i=1}^{n} (x_i - \overline{x})^2 = \frac{1}{n} \sum_{i=1}^{n} \delta_i^2 \tag{1-9}$$

方差 σ^2 的算术平方根 σ 称为标准误差，即

$$\sigma = \sqrt{\sigma^2} = \sqrt{\frac{1}{n} \sum_{i=1}^{n} \delta_i^2} \tag{1-10}$$

3. 有限次数的标准误差

在测量值中已消除系统误差的情况下，测量次数无限增多，所得的平均值为真值，当测量次数有限时，所得的平均值为最佳值，它不等于真值，因此测量值与真值之差（误差）和

测量值与平均值之差（残差）不等。在实际工作中，测量次数是有限的，所以需要找出用残差来表示的误差公式。

用残差表示的标准误差$\hat{\sigma}$为：

$$\hat{\sigma} = \sqrt{\frac{\sum\limits_{i=1}^{n} V_i^2}{n-1}} \tag{1-11}$$

式中　V_i——测量值x_i和平均值$\overline{x}$的差，即$V_i = x_i - \overline{x}$；

　　　　n——测量值数目。

这里将有限次数的标准误差用$\hat{\sigma}$表示，以区别$n \to \infty$时的标准误差σ，不过在实用时，一般不加区别，均写为σ。

二、概率密度分布函数

高斯（Gauss）于1795年提出了随机误差的正态分布的概率密度函数：

$$f(\delta) = \frac{1}{\sigma\sqrt{2\pi}} e^{-\frac{\delta^2}{2\sigma^2}} \tag{1-12}$$

或写为：

$$f(\delta) = \frac{h}{\sqrt{\pi}} e^{-h^2\delta^2} \tag{1-13}$$

式中　δ——随机误差；

　　　　σ——标准误差；

　　　　h——精密度指数。

三、随机误差的表达方法

1. 精密度指数

精密度指数（h）反映了随机误差的大小程度，其定义为：

$$h = \frac{1}{\sqrt{2}\sigma} \tag{1-14}$$

如图1-5所示，h越大，曲线越尖锐，说明了随机误差的离散性越小，即小误差出现的机会多，而大误差出现的机会少，这就意味着测量的精密度越高。反之，h越小，曲线越平坦，说明了随机误差的离散性越大，即小误差出现的机会少，而大误差出现的机会多，这意味着测量的精密度越低。

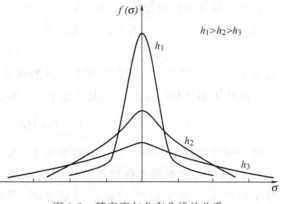

图1-5　精密度与分布曲线的关系

2. 标准误差

由精密度指数的定义式可知，精密度指数（h）与标准误差（σ）有关，在实际过程中，由于σ可直接从测量数据中算出，故常用它来代替h表示测量的精度，这样，式(1-12)更有使用价值。由该式可知，σ反映了分布曲线的高低宽窄，σ值越小，数据的精密度越高，离散性也越小，故它也是精密度的标志，是用得最多的一种偶然误差。

3. 极限误差

平均误差及偶然误差也可表示同一测量的精密度，其效果是相同的。但实际上在测量次数有限的情况下，三种表示有所不同。其中标准误差对数据中存在的较大误差与较小误差反应比较敏感。它是表示测量误差的较好方法，我国和世界上很多国家都在科学报告中使用标准误差，而在技术报告中多使用另一种误差——极限误差（Δ）。

极限误差（Δ）为各误差实际不应超过的界限，对于服从正态分布的测量误差一般取 C 倍标准误差作为极限误差，即

$$\Delta = C\sigma \tag{1-15}$$

式中　Δ——在无系统误差的情况下，Δ 也称为随机不确定度（置信度）；

　　　C——置信系数，定义为不确定度（置信度）与其标准差的比值。

第四节　可疑值的判断与删除

观察测量得到的实验数据，往往会发现某一观测值与其余观测值相差很远。对这类数据的取舍成为一个关键问题，如果保留这一观测值，则对平均值及偶然误差都将引起很大影响；但是随意舍弃这些数据，以获得实验结果的一致性，显然是不恰当的。如果这些数据是由于测量中的过失误差而产生的，通常称其为可疑值（或坏值），必须将其删除，以免影响测量结果的准确度，如读错刻度尺，称量中砝码加减错误等。若这些数据是由随机误差而产生的，并不属于坏值，则不能将其删除，绝不能仅仅为了追求实验数据的准确度，而丧失了实验结果的科学性；若没有充分理由，则只有依据误差理论决定数值的取舍，才是正确的。常用的判别准则有以下几个。

一、拉依达准则

拉依达准则又称为 3σ 准则，是基于正态分布，以最大误差范围取为 3σ，进行可疑值的判断。凡超过这个限的误差，就认定它不属于随机误差的范围，而是粗差，可以剔除。

设有一组等精度测量值 x_i（$i=1，2，\cdots，n$），其子样平均值为 $\bar{x}$，残差为 V_i，用残差表示的标准误差为 σ_{n-1}，若某测量值 x_l（$1 \leqslant l \leqslant n$）的残差 V_l 满足下式：

$$|V_l| > 3\sigma_{n-1} \tag{1-16}$$

则认为 V_l 为过失误差，x_l 是含有过失误差的坏值，应被删除。

对服从正态分布的误差，其误差界于 $[-3\sigma，3\sigma]$ 间的概率为：

$$\int_{-3\sigma}^{+3\sigma} f(\delta)\mathrm{d}\delta = 0.9973 \tag{1-17}$$

由于误差超过 $[-3\sigma，3\sigma]$ 的概率为 $1-0.9973=0.27\%$，这是一个很小的概率（超过 $\pm 3\sigma$ 的误差一定不属于偶然误差，而为系统误差或过失误差），根据实际判断的原理，小概率事件在一次实验中看成不可能事件，所以误差超过 $[-3\sigma，3\sigma]$ 实际上是不可能的。

这种方法最大的优点是计算简单，而且无需查表，应用十分方便，但若实验点数较少时，很难将坏点剔除。如当 $n=10$ 时：

$$\sigma_{n-1} = \sqrt{\frac{\sum\limits_{i=1}^{10} V_i^2}{10-1}} = \frac{1}{3}\sqrt{\sum\limits_{i=1}^{10} V_i^2}$$

$$3\sigma_{n-1} = \sqrt{\sum\limits_{i=1}^{10} V_i^2} \geqslant |V_i|$$

由此可知，当 $n \leqslant 10$ 时，任一个测量值引起的偏差 V_i 都能满足 $|V_l| < 3\sigma_{n-1}$，而不可能出现大于 $3\sigma_{n-1}$ 的情况，便无法将其中的坏值剔除。

二、肖维勒准则

此准则认为在 n 次测量中，坏值出现的次数为 $\frac{1}{2}$ 次，即出现的频率为 $\frac{1}{2n}$，对于正态分布，按概率积分可得：

$$\phi(k) = 1 - \frac{1}{2n} = \frac{2n-1}{2n} \tag{1-18}$$

由不同的 n 值，可计算出不同的 $\phi(k)$，查表 1-1，便可以求出 k 的值。

表 1-1 肖维勒判据

n	ω_n	n	ω_n	n	ω_n
3	1.38	13	2.07	23	2.30
4	1.53	14	2.10	24	2.31
5	1.65	15	2.13	25	2.33
6	1.73	16	2.15	30	2.39
7	1.80	17	2.17	40	2.49
8	1.86	18	2.20	50	2.58
9	1.92	19	2.22	75	2.71
10	1.96	20	2.24	100	2.81
11	2.00	21	2.26	200	3.02
12	2.03	22	2.28	500	3.20

对于一组等精度的测量值 x_i（$i=1$，2，$\cdots$，n），其子样平均值为 $\bar{x}$，残差为 V_i，用残差表示的标准误差为 σ_{n-1}，若某测量值 x_l（$1 \leqslant l \leqslant n$）的残差 V_l 满足下式：

$$|V_l| > \omega_n \sigma_{n-1} \tag{1-19}$$

则认为 V_l 为过失误差，x_l 为含有过失误差的坏值，应被删除。

这种方法是一种经验方法，其统计学的理论依据并不完整，特别是当 $n \to \infty$ 时，$\phi(n) \to \infty$，这样所有的坏值都不能被剔除。

三、格拉布斯准则

格拉布斯准则与肖维勒准则有相似之处，不过格拉布斯准则中的置信系数是通过显著性水平 α 与测量次数 n 共同确定的。显著性水平是指测量值的残差 V_i 超出置信区间的可能性，在绝大多数场合，一般将显著性水平 α 取为 0.01、0.025 或 0.05。

对于一组等精度的测量值 x_i（$i=1$，2，$\cdots$，n），其子样平均值为 $\bar{x}$，残差为 V_i，用残差表示的标准误差为 σ_{n-1}，且将 x_i 由小到大排列：

$$x_1 \leqslant x_2 \leqslant \cdots \leqslant x_n$$

格拉布斯给出了 $g_1=\dfrac{\overline{x}-x_1}{\sigma_{n-1}}$ 和 $g_n=\dfrac{x_n-\overline{x}}{\sigma_{n-1}}$ 的分布，当选定了显著性水平 α，根据实验次数 n，可通过表 1-2 查得相应的临界值 $g_0(n,\alpha)$，有如下关系：

$$P\left(\frac{\overline{x}-x_1}{\sigma_{n-1}}\geqslant g_0(n,\alpha)\right)=\alpha \tag{1-20}$$

或

$$P\left(\frac{x_n-\overline{x}}{\sigma_{n-1}}\geqslant g_0(n,\alpha)\right)=\alpha \tag{1-21}$$

若有：

$$g_i\geqslant g_0(n,\alpha) \tag{1-22}$$

则认为该测得值含有过失误差，应予以剔除。

表 1-2 概率积分表

| n | 显著性水平 α | | | n | 显著性水平 α | | |
| | 0.05 | 0.025 | 0.01 | | 0.05 | 0.025 | 0.01 |
	$g_0(n,\alpha)$				$g_0(n,\alpha)$		
3	1.15	1.16	1.16	17	2.48	2.62	2.78
4	1.46	1.49	1.49	18	2.50	2.65	2.82
5	1.67	1.71	1.75	19	2.53	2.68	2.85
6	1.82	1.89	1.94	20	2.56	2.71	2.88
7	1.94	2.02	2.10	21	2.58	2.73	2.91
8	2.03	2.13	2.22	22	2.60	2.76	2.94
9	2.11	2.21	2.32	23	2.62	2.78	2.96
10	2.18	2.29	2.41	24	2.64	2.80	2.99
11	2.23	2.36	2.48	25	2.66	2.82	3.01
12	2.28	2.41	2.55	30	2.74	2.91	3.10
13	2.33	2.46	2.61	35	2.81	2.98	3.18
14	2.37	2.51	2.66	40	2.87	3.04	3.24
15	2.41	2.55	2.70	50	2.96	3.13	3.34
16	2.44	2.59	2.75	100	3.17	3.38	3.59

【例 1-1】 对某量进行 15 次等精度的测量，测得的结果见表 1-3，试判断该测量中是否含有过失误差。

表 1-3 精度测量结果

序号	x	V	V^2	V'	V'^2
1	18.21	0.004	0.000016	−0.004	0.000016
2	18.20	−0.006	0.000036	−0.014	0.000196
3	18.24	0.034	0.001156	0.026	0.000676
4	18.22	0.014	0.000196	0.006	0.000036
5	18.18	−0.026	0.000676	−0.034	0.001156
6	18.21	0.004	0.000016	−0.004	0.000016
7	18.23	0.024	0.000576	0.016	0.000256
8	18.19	−0.016	0.000256	−0.024	0.000576
9	18.22	0.014	0.000196	0.006	0.000036
10	18.10	−0.106	0.011236	—	—
11	18.20	−0.006	0.000036	−0.014	0.000196
12	18.23	0.024	0.000576	0.016	0.000256
13	18.24	0.034	0.001156	0.026	0.000676
14	18.22	0.014	0.000196	0.006	0.000036
15	18.20	−0.006	0.000036	−0.014	0.000196
	18.206		0.016360		0.004324

方法一 应用拉依达准则判断

由表 1-3 可知

$$\overline{x}=18.206$$

$$\sigma=\sqrt{\frac{\sum\limits_{i=1}^{n}V_i^2}{n-1}}=\sqrt{\frac{0.016360}{15-1}}=0.034$$

$$3\sigma=3\times0.034=0.102$$

根据拉依达准则，第 10 个测量点的残余误差：

$$|V_{10}|=0.106>0.102$$

即此测量值含有过失误差，故将此测量值剔除，再根据剩下的 14 个测量值重新计算，得：

$$\overline{x}'=18.214$$

$$\sigma'=\sqrt{\frac{\sum\limits_{i=1}^{n}V_i'^2}{n-1}}=\sqrt{\frac{0.004324}{14-1}}=0.018$$

$$3\sigma=3\times0.018=0.054$$

由表 1-3 可知，剩下的 14 个测量值的残余误差均满足要求，不含有过失误差。

方法二 应用肖维勒准则判断

由上面计算可知

$$\overline{x}=18.206 \qquad \sigma=0.034$$

查表 1-3 可知，当 $n=15$ 时，$k_{15}=2.13$，

$$k_{15}\sigma=2.13\times0.034=0.072$$

根据肖维勒准则，第 10 个测量点的残余误差：

$$|V_{10}|=0.106>0.072$$

即此测量值含有过失误差，故将此值剔除，再根据剩下的 14 个测量值重新计算，得：

$$\overline{x}'=18.214 \qquad \sigma'=0.018$$

查表 1-3 可知，当 $n=14$ 时，$k_{14}=2.10$，

$$k_{14}\sigma'=2.10\times0.018=0.038$$

由表 1-3 可知，剩下的 14 个测量值的残余误差均满足要求，不含有过失误差。

方法三 应用格拉布斯准则判断

由上面计算可知：

$$\overline{x}=18.206 \qquad \sigma=0.034$$

将测量值由小到大排列得：

$$x_1=18.10,\ x_2=18.18,\ \cdots,\ x_n=18.24$$

对于两端点值可求得：

$$g_1=\frac{\overline{x}-x_1}{\sigma_{n-1}}=\frac{18.206-18.10}{0.034}=3.12$$

$$g_n=\frac{x_n-\overline{x}}{\sigma_{n-1}}=\frac{18.24-18.206}{0.034}=1.00$$

查表 1-3 可知，取 $\alpha=0.05$，当 $n=15$ 时，

$$g_0(15, 0.05)=2.41$$

因此 $$g_1=3.12>2.41$$

根据格拉布斯准则，第 10 个测量点含有过失误差，故将此值剔除，再根据剩下的 14 个测量值重新计算，得：

$$\overline{x}'=18.214 \qquad \sigma'=0.018$$

对于两端点值可求得：

$$g'_2=\frac{\overline{x}'-x_2}{\sigma'}=\frac{18.214-18.18}{0.018}=1.90$$

$$g'_n=\frac{x_n-\overline{x}'}{\sigma'}=\frac{18.24-18.214}{0.018}=1.44$$

查表 1-3 可知，取 $\alpha=0.05$，当 $n=14$ 时，

$$g_0(15, 0.05)=2.37$$

因此，剩下的 14 个测量值的残余误差均满足要求，不含有过失误差。

由此题可以看出，拉依达准则的应用最为简单，但在小子样数的实验中，容易产生较大的偏差。肖维勒准则，明显改善了拉依达准则，当 n 变小时，ω_n 也减小，一直保持可剔除坏点的概率。虽然，从理论上看，此法对大子样数实验很难有效的剔除坏点，但由表 1-1 可知 $\omega_{200}=3.02$，对于工程实验，这个数目一般情况下是可以满足要求的，所以此方法应用比较广泛。

但是，肖维勒准则还有一个缺点，就是置信概率参差不齐，即 n 不相同时，置信水平不同。在某些情况下，人们希望在固定的置信水平下讨论问题，此时，应用格拉布斯准则更为适宜。

第五节　最可信赖值的求取

一、常用的平均值

1. 算术平均值

算术平均值是一种最常用的平均值，若测量值的分布为正态分布，用最小二乘法原理可证明，在一组等精度测量中，算术平均值为最可信赖值。

设测量值为 x_1，x_2，$\cdots$，x_n，n 表示测量次数，则算术平均值为：

$$\overline{x}=\frac{x_1+x_2+\cdots+x_n}{n}=\frac{1}{n}\sum_{i=1}^{n}x_i \tag{1-23}$$

2. 均方根平均值

均方根平均值为：

$$\overline{x}_m=\sqrt{\frac{x_1^2+x_2^2+\cdots+x_n^2}{n}}=\sqrt{\frac{1}{n}\sum_{i=1}^{n}x_i^2} \tag{1-24}$$

3. 几何平均值

几何平均值为：

$$\overline{x}_g=\sqrt[n]{x_1x_2\cdots x_n}=\sqrt[n]{\prod_{i=1}^{n}x_i} \tag{1-25}$$

以对数形式表示为：

$$\lg \overline{x}_g = \frac{1}{n} \sum_{i=1}^{n} \lg x_i \tag{1-26}$$

4. 对数平均值

对数平均值常用于化工领域中热量与能量传递时，平均推动力的计算，其定义如下：

$$x_m = \frac{x_1 - x_2}{\ln x_1 / x_2} \tag{1-27}$$

若 x_1，x_2 相差不大，$1 < x_1/x_2 < 2$ 时，可用算术平均值代替对数平均值，引起的误差在 4% 以内。

二、最小二乘法原理与算术平均值的意义

进行精密测量时，对未知物理量进行 n 次的重复测量，得到一组等精度的测量结果 x_1，x_2，…，x_i，…，x_n，那么如何从这组测量结果中确定未知量 x 的最佳值或最可信赖值呢？应用最小二乘法原理就可解答这个问题。

最小二乘法原理指出：在具有等精度的许多测量值中，最佳值就是指能使各测量值的误差的平方和为最小时所示的那个值。最小二乘法可由高斯方程导出，因为真值不知道，故以这一组测量值的最佳值代替，则对应的残差为：

$$\Delta_1 = x_1 - a$$
$$\Delta_2 = x_2 - a$$
$$\vdots$$
$$\Delta_n = x_n - a$$

依据高斯定律，具有误差为 Δ_1，Δ_2，…，Δ_n 的观测值出现的概率分别为：

$$P_1 = \frac{1}{\sigma \sqrt{2\pi}} e^{-(x_1-a)^2/2\sigma^2}$$

$$P_2 = \frac{1}{\sigma \sqrt{2\pi}} e^{-(x_2-a)^2/2\sigma^2}$$

$$\vdots$$

$$P_n = \frac{1}{\sigma \sqrt{2\pi}} e^{-(x_n-a)^2/2\sigma^2}$$

因各次测量值是独立的事件，所以误差 Δ_1，Δ_2，…，Δ_n 同时出现的概率为各个概率之乘积，即

$$P = P_1 P_2 \cdots P_n = \frac{1}{\sigma \sqrt{2\pi}} e^{-\frac{1}{2\sigma^2}[(x_1-a)^2 + (x_2-a)^2 + \cdots + (x_n-a)^2]}$$

因为最佳值 a 是概率 P 最大时所求出的那个值，从指数关系知道，当 P 最大时，则：$(x_1-a)^2 + (x_2-a)^2 + \cdots + (x_n-a)^2$ 应为最小，亦即在一组测量中各误差的平方和最小。令：

$$Q = (x_1-a)^2 + (x_2-a)^2 + \cdots + (x_n-a)^2 \tag{1-28}$$

Q 最小的条件为：

$$\frac{dQ}{da} = 0, \quad \frac{d^2Q}{da^2} > 0$$

对式(1-28) 微分，并取为零，则得：

$$-2(x_1-a)-2(x_2-a)-\cdots-2(x_n-a)=0$$
$$na=x_1+x_2+\cdots+x_n$$

即
$$a = \frac{1}{n}\sum_{n=1}^{i} x_i \qquad (1\text{-}29)$$

由此可知：

（1）在同一条件下（等精密度），对一物理量进行 n 次独立测量的最佳值就是 n 个测量值的算术平均值；

（2）各观测值与算术平均值的偏差的平方和为最小。

第二章

实验数据的处理与实验设计方法

第一节 实验数据的整理方法

第一章讨论的主要是实验数据的测量及有效值的选取问题，对实验而言，其最终目的是要通过这些数据来寻求其中的内在关系，并将其归纳成为图表或者经验公式，用以验证理论、指导实践与生产。因此，需要将这些数据以最适宜的方式表示出来，目前，常选用的方法有列表法、图示法和方程表示法三种。

一、列表法

将实验直接测定的数据，或根据测量值计算得到的数据，按照自变量和因变量的关系以一定的顺序列出数据表格，即为列表法。在拟定记录表格时应注意下列问题。

① 单位应在名称栏中详细标明，不要和数据写在一起。

② 同一列的数据必须真实地反映仪表的精确度，即数字写法应注意有效数字的位数，每行之间的小数点对齐。

③ 对于数量级很大或很小的数，在名称栏中乘以适当的倍数。例如 $Re = 25300$，用科学计数法表示 $Re = 2.53 \times 10^4$。列表时，项目名称写为 $Re \times 10^{-4}$，数据表中数字则写为 2.53，这种情况在化工数据表中经常遇到。在这样表示的同时，还要注意有效数字的位数的保留，不要轻易地放弃有效数位。

④ 整理数据时应尽可能将计算过程中始终不变的物理量归纳为常数，避免重复计算，如在离心泵特定曲线的测定实验中，泵的转数为恒定值，可直接记为 $n = 2900 \mathrm{r/min}$。

⑤ 在实验数据归纳表中，应详细地列明实验过程记录的原始数据及通过实验过程所要求得的实验结果，同时，还应列出实验数据计算过程中较为重要的中间数据。如在传热实验中，空气的流量就是计算过程一个重要的数据，也应将其列入数据表中。

⑥ 在实验数据表的后面，要附以数据计算示例，从数据表中任选一组数据，举例说明所用的计算公式与计算方法，表明各参数之间的关系，以便于阅读或进行校核。

表 2-1 是传热实验的实验数据归纳表格，在表中分别列出了实验过程的原始数据、计算过程的中间数据和实验结果。在化工实验过程中，列表法的应用十分广泛，常用于记录原始数据及汇总实验结果，为进一步绘图或回归公式及建立模型提供方便。

表 2-1 传热实验数据

序号	进口温度 T_1 /℃	出口温度 T_2 /℃	壁温 t_1 /℃	壁温 t_2 /℃	流量 V /(m³/h)	流速 u /(m/s)	α /[W/(m²·K)]	Re	Pr	Nu	$\dfrac{Nu}{Pr^{0.4}}$
1											
2											
3											
⋮											
10											

二、图示法

上述列表法，一般难于直接观察到数据间的规律，故常需将实验结果用图形表示出来，这样将变得简明直观，便于比较，易于显示结果的规律性或趋向。作图过程中应遵循一些基本准则，否则将得不到预期的结果，甚至会导致出现错误的结论。下面是关于化学工程实验中正确作图的一些基本准则。

1. 图纸的选择

在数据绘图过程中，常用的图纸有直角坐标纸、单对数坐标纸和双对数坐标纸等。要根据变量间的函数关系，选定一种坐标纸。坐标纸的选择方法如下：

（1）对于符合方程 $y=ax+b$ 的数据，直接在直角坐标纸上绘图即可，可画出一条直线。

（2）对于符合方程 $y=k^{ax}$ 的数据，经两边取对数可变为：

$$\lg y=ax+\lg k$$

在单对数坐标纸上绘图，横轴选用对数坐标系，纵轴选用直角坐标系，可画出一条直线。

（3）对于符合方程 $y=ax^m$ 的数据，经两边取对数可变为：

$$\lg y=\lg a+m\lg x$$

在双对数坐标纸上，可画出一条直线。

（4）当变量多于两个时，如 $y=f(x,z)$，在作图时，先固定一个变量，可以先固定 z 值求出（y-x）关系，这样可得每个 z 值下的一组图线。例如，在做填料吸收塔的流体力学特性测定时，就是采用此标绘方法，即相应于各喷淋量 L，在双对数坐标纸上标出空塔气速 u 和单位填料层压降 $\Delta p/Z$ 的关系图线。

2. 坐标分度的选择

一般取独立变量为 x 轴，因变量为 y 轴，在两轴侧要标明变量名称、符号和单位。坐标分度的选择，要能够反映实验数据的有效数字位数，即与被标的数值精度一致。分度的选择还应使数据容易读取。而且分度值不一定从零开始，以使所得图形能占满全幅坐标纸，匀称居中，避免图形偏于一侧。

（1）若在同一张坐标纸上，同时标绘几组测量值或计算数据，应选用不同符号加以区分（如使用 ＊，·，○等）。

（2）在按点描线时，所绘图形可为直线或曲线，但所绘线形应是光滑的，且应使尽量多的点落于线上，若有偏离线上的点，应使其均匀地分布在线的两侧。

（3）对数坐标系的选用，与直角坐标系的选用稍有差异，在选用时应注意以下几点问题：

① 标在对数坐标轴上的值是真值，而不是对数值；

② 对数坐标原点为（1，1），而不是（0，0）；

③ 由于0.01，0.1，1，10，100等数的对数分别为-2，-1，0，1，2等，所以在对数坐标纸上每一数量级的距离是相等的，但在同一数量级内的刻度并不是等分的；

④ 选用对数坐标系时，应严格遵循图纸标明的坐标系，不能随意将其旋转及缩放使用；

⑤ 对数坐标系上求直线斜率的方法与直角坐标系不同，因在对数坐标系上的坐标值是真值而不是对数值，所以，需要转化成对数值计算，或者直接用尺子在坐标纸上量取线段长度求取，如图2-1中所示AB线斜率的对数计算形式为：

$$\eta=\frac{L_y}{L_x}=\frac{\lg y_1-\lg y_2}{\lg x_1-\lg x_2}$$

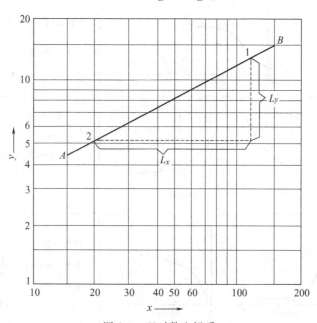

图 2-1　双对数坐标系

⑥ 在双对数坐标系上，直线与$x=1$处的纵轴相交点的y值，即为方程：$y=ax^m$中的系数值a。若所绘制的直线在图面上不能与$x=1$处的纵轴相交，则可在直线上任意取一组数据x和y代入原方程$y=ax^m$中，通过计算求得系数值a。

三、方程表示法

为工程计算的方便，通常需要将实验数据或计算结果用数学方程或经验公式的形式表示出来。

在化学工程中，经验公式通常都表示成无量纲的数群或特征数关系式。遇到的问题大多是如何确定公式中的常数或系数。经验公式或特征数关系式中的常数和系数的求法很多，最常用的是图解求解法和最小二乘法。

1. 图解求解法

用于处理能在直角坐标系上直接标绘出一条直线的数据，很容易求出直线方程的常数和系数。在绘制图表时，有时两个变量之间的关系并不是线性的，而是符合某种曲线关系，为了能够比较简单地找出变量间的关系，以便回归经验方程和对其进行数据分析，常将这些曲线进行线性化。通常，可线性化的曲线包括以下 6 大类，详见表 2-2。

表 2-2 可线性化的曲线

序号	图 形	函数及线性化方法
1	(b>0) (b<0)	双曲线函数 $\quad y=\dfrac{x}{ax+b}$ 令 $Y=\dfrac{1}{y},X=\dfrac{1}{x}$，则得直线方程 $$Y=a+bX$$
2		S 形曲线 $\quad y=\dfrac{1}{a+b\mathrm{e}^{-x}}$ 令 $Y=\dfrac{1}{y},X=\mathrm{e}^{-x}$，则得直线方程 $$Y=a+bX$$
3	(b<0) (b>0)	指数函数 $\quad y=a\mathrm{e}^{bx}$ 令 $Y=\lg y,X=x,k=b\lg \mathrm{e}$，则得直线方程 $$Y=\lg a+kX$$
4	(b>0) (b<0)	指数函数 $\quad y=a\mathrm{e}^{\frac{b}{x}}$ 令 $Y=\lg y,X=\dfrac{1}{x},k=b\lg \mathrm{e}$，则得直线方程 $$Y=\lg a+kX$$
5	b>1 b=1 0<b<1 (b>0) −1<b<0 b=−1 b<−1 (b<0)	幂函数 $\quad y=ax^{b}$ 令 $Y=\lg y,X=\lg x$，则得直线方程 $$Y=\lg a+bX$$
6	(b>0) (b<0)	对数函数 $\quad y=a+b\lg x$ 令 $Y=y,X=\lg x$，则得直线方程 $$Y=a+bX$$

2. 最小二乘法

使用图解求解法时，在坐标纸上标点会有误差，而根据点的分布确定直线的位置时，具有较大的人为性，因此，用图解法确定直线斜率及截距常常不够准确。较为准确的方法是最小二乘法，它的原理是：最佳的直线就是能使各数据点同回归线方程求出值的偏差的平方和为最小，也就是一定的数据点落在该直线上的概率为最大。此方法将在下节中详细介绍。

第二节 实验数据的处理方法

一、数据回归方法

1. 一元线性回归

（1）一元线性回归方法 一元回归是处理两个变量之间的关系的方法，通过分析得到经验公式，若变量之间是线性关系，则称为一元线性回归，这是工程和科学研究中经常遇到的回归处理方法。下面具体推导其表达式。

已知 n 个实验数据点 (x_1, y_1)，(x_2, y_2)，$\cdots$，(x_n, y_n)。设最佳线性函数关系式为 $y = b_0 + b_1 x$，则根据此式 n 组 x 值可计算出各组对应的 y' 值。

$$y'_1 = b_0 + b_1 x_1$$
$$y'_2 = b_0 + b_1 x_2$$
$$\vdots$$
$$y'_n = b_0 + b_1 x_n$$

而实际测时，每个 x 值所对应的值为 y_1，y_2，$\cdots$，y_n，所以每组实验值与对应计算值 y' 的偏差 σ 应为：

$$\sigma_1 = y_1 - y'_1 = y_1 - (b_0 + b_1 x_1)$$
$$\sigma_2 = y_2 - y'_2 = y_2 - (b_0 + b_1 x_2)$$
$$\vdots$$
$$\sigma_n = y_n - y'_n = y_n - (b_0 + b_1 x_n)$$

按照最小二乘法的原理，测量值与真值之间的偏差平方和为最小。

$\sum\limits_{i=1}^{n} \delta_i^2$ 最小的必要条件为：

$$\frac{\partial\left(\sum\limits_{i=1}^{n} \delta_i^2\right)}{\partial b_0} = 0 \qquad \frac{\partial\left(\sum\limits_{i=1}^{n} \delta_i^2\right)}{\partial b_1} = 0$$

展开得：

$$\frac{\partial\left(\sum\limits_{i=1}^{n} \delta_i^2\right)}{\partial b_0} = -2[y_1 - (b_0 + b_1 x_1)] - 2[y_2 - (b_0 + b_1 x_2)] - \cdots - 2[y_n - (b_0 + b_1 x_n)] = 0$$

$$\frac{\partial\left(\sum\limits_{i=1}^{n} \delta_i^2\right)}{\partial b_1} = -2x_1[y_1 - (b_0 + b_1 x_1)] - 2x_2[y_2 - (b_0 + b_1 x_2)] - \cdots - 2x_n[y_n - (b_0 + b_1 x_n)] = 0$$

写成合式：

$$\begin{cases} \sum_{i=1}^{n} xy - b_0 \sum_{i=1}^{n} x - b_1 \sum_{i=1}^{n} x^2 = 0 \\ \sum_{i=1}^{n} y - n b_0 - b_0 \sum_{i=1}^{n} x = 0 \end{cases}$$

联立解得：

$$b_0 = \frac{\sum_{i=1}^{n} x_i y_i \sum_{i=1}^{n} x_i - \sum_{i=1}^{n} y_i \sum_{i=1}^{n} x_i^2}{\left(\sum_{i=1}^{n} x_i\right)^2 - n \sum_{i=1}^{n} x_i^2} \tag{2-1}$$

$$b_1 = \frac{\sum_{i=1}^{n} x_i \sum_{i=1}^{n} y_i - n \sum_{i=1}^{n} x_i y_i}{\left(\sum_{i=1}^{n} x_i\right)^2 - n \sum_{i=1}^{n} x_i^2} \tag{2-2}$$

由此求得的截距为 b_0，斜率为 b_1 的直线方程，就是关联各实验点的最佳直线。

(2) 线性关系的显著检验　在解决如何回归直线以后，还存在检验回归得到的直线有无意义的问题，引进一个叫相关系数（r）的统计量，用来判断两个变量之间的线性相关程度，其定义式为：

$$r = \frac{\sum_{i=1}^{n} (x_i - \overline{x})(y_i - \overline{y})}{\sqrt{\sum_{i=1}^{n} (x_i - \overline{x})^2 \sum_{i=1}^{n} (y_i - \overline{y})^2}} \tag{2-3}$$

式中：

$$\overline{x} = \frac{1}{n} \sum_{i=1}^{n} x_i$$

$$\overline{y} = \frac{1}{n} \sum_{i=1}^{n} y_i$$

在概率中可以证明，任意两个随机变量的相关系数的绝对值不大于 1，即

$$0 \leqslant |r| \leqslant 1$$

相关系数 r 的物理意义是：表示两个随机变量 x 和 y 的线性相关的程度。现分几种情况加以说明：当 $r = \pm 1$ 时，即实验值全部落在直线 $y' = b_0 + b_1 x$ 上，此时称为完全相关；当 r 越接近 1 时，即实验值越靠近直线 $y' = b_0 + b_1 x$，变量 y，x 之间的关系越近于线性关系；当 $r = 0$ 时，变量间就完全没有线性关系了，但当 r 很小时，表现的虽不是线性关系，但不等于就不存在其他关系。

2. 二元线性回归

前面讨论的只是两个变量回归问题，其中因变量只与一个自变量有关，这是较简单的情况，在大多数的实际问题中，影响因变量的因数不是一个而是多个，称这类回归为多元回归分析。多元线性回归的原理与一元线性回归完全相同，但在计算上却要复杂得多，这里只介绍二元线性回归。

例如，流体在水平圆形直管中作强制湍流时的传热膜系数的特征数关联式为：

$$Nu = ARe^m Pr^n$$

式中的常数项 A 和指数项 m、n 是怎么关联出来的呢？对于这类多变量方程的回归问题，图解法就难以解决，而应用最小二乘法就能有效地解决。

首先，可以将方程两边取对数，将指数关系式变成：

$$lgNu = lgA + mlgRe + nPr$$

上式可看作形如 $y = b_0 + b_1 x_1 + b_2 x_2$ 的线性关系，由实验得到 n 组 x_1，x_2，y 值，根据最小二乘法原理进行实验数据的关联处理，求解待定系数。

下面简单推导其数学表示式。

设最佳线性函数关系式为 $y = b_0 + b_1 x_1 + b_2 x_2$，由 n 组 x_1，x_2 可计算出各对应 y' 值。则：

$$y_1' = b_0 + b_1 x_{11} + b_2 x_{21}$$

$$y_2' = b_0 + b_1 x_{12} + b_2 x_{22}$$

$$\vdots$$

$$y_n' = b_0 + b_1 x_{1n} + b_2 x_{2n}$$

实测时，每组实验值与对应计算值 y' 的偏差为：

$$\delta_1 = y_1 - y_1' = y_1 - (b_0 + b_1 x_{11} + b_2 x_{21})$$

$$\delta_2 = y_2 - y_2' = y_2 - (b_0 + b_1 x_{12} + b_2 x_{22})$$

$$\vdots$$

$$\delta_n = y_n - y_n' = y_n - (b_0 + b_1 x_{1n} + b_2 x_{2n})$$

按照最小二乘法原理，测量值与真值之间偏差平方和为最小。$\sum\limits_{i=1}^{n} \delta_i^2$ 最小值的必要条件为：

$$\begin{cases} \dfrac{\partial \left(\sum\limits_{i=1}^{n} \delta_i^2 \right)}{\partial b_2} = 0 \\[2em] \dfrac{\partial \left(\sum\limits_{i=1}^{n} \delta_i^2 \right)}{\partial b_1} = 0 \\[2em] \dfrac{\partial \left(\sum\limits_{i=1}^{n} \delta_i^2 \right)}{\partial b_0} = 0 \end{cases}$$

展开整理，得：

$$nb_0 + b_1 \sum_{i=1}^{n} x_{1i} + b_2 \sum_{i=1}^{n} x_{2i} - \sum_{i=1}^{n} y_i = 0 \tag{2-4}$$

$$b_0 \sum_{i=1}^{n} x_{1i} + b_1 \sum_{i=1}^{n} x_{1i}^2 + b_2 \sum_{i=1}^{n} x_{1i} x_{2i} - \sum_{i=1}^{n} x_{1i} y_i = 0 \tag{2-5}$$

$$b_0 \sum_{i=1}^n x_{2i} + b_1 \sum_{i=1}^n x_{1i} x_{2i} + b_2 \sum_{i=1}^n x_{2i}^2 - \sum_{i=1}^n x_{2i} y_i = 0 \qquad (2\text{-}6)$$

将式(2-4)、式(2-5)、式(2-6)联立求解即可求得 b_0、b_1、b_2，从而得到相应的特征数关联式。

3. 一元非线性回归

（1）可线性化的一元非线性回归　在本章第一节中已经介绍了指数函数、幂函数等六大类函数的线性化问题，即可以先利用变形方法，将其转化为线性关系，然后用最小二乘法进行一元线性回归，得到其关联式。

（2）多项式回归　在化学工程中，为了便于查取和计算，对于常用的物性参数，通常将其回归成多项式，其方法如下。

对于形如 $y = a + bx + cx^2$ 的二次多项式，可以令：

$$x_1 = x, \quad x_2 = x^2$$

则上式可写为：

$$y = a + bx_1 + cx_2$$

这样，抛物线回归问题，可以转化成二元线性回归。通常，多项式回归可通过类似变换变成线性回归计算。

多项式回归在回归问题中占特殊地位，由数学理论可以知道，对于任意函数至少在一个比较小的范围内可用多项式逼近。因此，通常在比较复杂的问题中，就可不问变量与各因数的确切关系如何，而用多项式回归进行分析计算。在化学工程实验中，一些物性数据随温度的变化，以及测温元件中，温度与热电势、温度与电阻值的变化关系，常用多项式表达。

二、数值计算方法

在化学工程中，除了数据的回归与拟合，还经常遇到的一类问题就是定积分的数值计算，例如：传热过程中传热推动力的计算，吸收过程中传质系数的求取等。对于定积分的计算问题，一般利用图解积分或数值计算方法求得近似值。下面就介绍一种较为常用的数值计算方法——复化辛普森积分法。

若已知下列积分式：

$$I = \int_{x_1}^{x_2} f(x)\,\mathrm{d}x$$

则根据数学表达式的函数关系，可进行图解积分。最简单的方法是在曲线下分割成梯形求面积，但所得结果欠佳，工程计算上常用的方法是复化辛普森积分法，其积分步骤如下。

（1）如图 2-2 所示，按给出的函数关系，在坐标纸上标绘出平滑曲线。

（2）在横坐标上标出积分的上下限，曲线上相应两点 $A[f(x_1), x_1]$ 与 $B[f(x_2), x_2]$，并将 A、B 两点连成直线。

（3）求出积分上限 x_1 与下限 x_2 的中间值，即

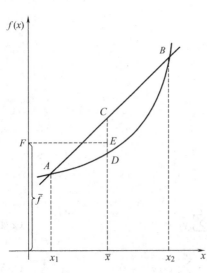

图 2-2　复化辛普森积分法

$$\bar{x}=\frac{x_1+x_2}{2}$$

由横坐标轴向上作垂线，分别与曲线和直线 AB 交于 C、D 两点。

（4）将 CD 线三等分，由曲线上 D 点向上取 $1/3$ 处为 E 点，并由 E 点向 y 轴做水平线，交 y 轴于 F 点，F 点距离原点为 $\bar{f}$，且 $\bar{f}$ 为 $f(x)$ 在 $x_1 \sim x_2$ 的平均值。如果曲线是向上凸起的，则由曲线上的 D 点出发向下取 $1/3$ 处为 E 点。

（5）最后求得积分值为：

$$I=\int_{x_1}^{x_2}f(x)\mathrm{d}x=(x_2-x_1)\bar{f}$$

复化积分公式是根据分段原理，将积分区间 $[x_0,x_n]$ 分成 n 等份，每等份的距离为：

$$h=\frac{x_n-x_0}{n} \tag{2-7}$$

其中，$x_n>x_0$，n 为偶数，则计算定积分近似值的复化辛普森公式为：

$$I=\frac{h}{3}\left\{f(x_0)+4\sum_{k=0}^{n-1}f[x_0+(2k+1)h]+2\sum_{k=0}^{n-1}f(x_0+2kh)+f(x_n)\right\} \tag{2-8}$$

显然，n 值越大，所分区间越多，结果越精确。但是随着 n 值的增加计算量也将增加，因此，n 值取多大为宜，要决定于最终结果允许的精确度。

第三节　正交实验设计

对于化工过程来说，影响实验结果的实验条件往往是多方面的，如温度、压力、流量、浓度等。若要考察各种条件对实验结果的影响程度，需要进行大量的实验研究，然而，在实验过程中，总是希望以最少的实验次数，来取得足够的实验数据，得到稳定、可靠的实验结果，则可借助正交实验设计方法安排实验。

在实践研究中，结合数理统计学的相关知识与方法，常用的实验设计方法有析因设计法、正交设计法和序贯设计法等。其中，涉及到的术语解释如下。

实验指标　实验指标指能够表征实验结果特性的参数，是通过实验来研究的主要内容，它的确定是与实验目的息息相关的。如在研究吸收过程中，实验指标就确定为传质系数与填料的等板高度。

因素　因素是指可能对实验结果产生影响的实验参数，如上面提及的温度、压力、流量等参数。

水平　水平指实验研究中，各因素所选取的具体状态，如流量分别选取不同的值，所选取的值的数目，就是因素的水平数。

一、正交实验设计方法

最古典的实验设计方法是析因设计法，它将各因素的各水平全面搭配，来安排实验，可想而知，对于研究多因素、多水平的系统，这种方法的工作量是非常的大的，例如：一个 3 因素、3 水平的实验，若用析因设计法进行全面搭配，则需要做 $3^3=27$ 次实验［如图 2-3（a）］。虽可取得足够多的数据，但由于实验工作量大，所需要的人力、物力也相当可观，故这种方法应用的并不多，一般仅应用于单因素的实验系统。

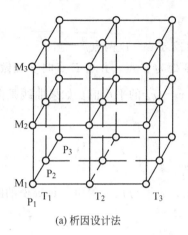

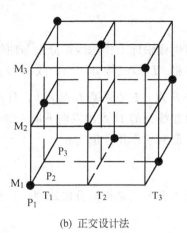

(a) 析因设计法　　　　　　　　　　(b) 正交设计法

图 2-3　实验设计方法示意

为了简化实验过程，结合数理统计学的研究方法，用正交表来安排实验，即正交设计法。对于上述例子，我们可以选用 $L_9(3^4)$ 正交表（见表 2-3）安排实验，其安排方法如图 2-3(b) 所示。正交表 $L_n(S^R)$ 的含义如下：

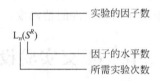

表 2-3　$L_9(3^4)$ 正交表

组号 \ 列号	1	2	3	4
1	1	1	1	1
2	1	2	2	2
3	1	3	3	3
4	2	1	2	3
5	2	2	2	1
6	2	3	1	2
7	3	1	3	2
8	3	2	1	3
9	3	3	2	1

从上面的例子，可以看出，利用正交设计方法解决三因素、三水平的问题，只需进行 9 次实验，大大地减少了实验的工作量。同时，实验点的分布均匀，具有如下特点：

① 每个水平的数字出现的次数相同（即每列出现 1、2、3 各 3 次）；

② 任意两列的横行组成的不同的"数对"出现的次数相同［任意两列组成的数字（1,
1）、（1, 2）、（1, 3）、（2, 1）、（2, 2）、（2, 3）、（3, 1）、（3, 2）、（3, 3）各出现一次］。

另外，由于正交实验设计方法借助了数理统计学的分析方法，因此，实验数据可以利用极差分析方法和方差分析方法进行分析计算。

正交实验设计所选用的正交表，均是通过大量的实践研究和理论分析得到的，并不是针对任意的因素数和水平数都存在的。现在，将常用的 $L_8(2^7)$、$L_9(3^4)$ 等正交表列于附录中，设计者可根据实际情况选用。

在进行正交实验设计时，应根据实验的目的与要求，先确定实验指标及相应的实验因素，并由实验因素的可能的影响程度确定其水平数。根据因素数和水平数选择正交表，来安排实验内容。

二、正交实验设计注意事项

在进行实验设计时，应注意以下几个问题。

① 根据实验因素数选择正交表时，若没有与其相匹配的正交表，则可选取因素数略多的正交表。另外，对于某些实验，可能实验因素之间存在着交互作用，如在化学反应过程中，温度与压力的同时变化对转化率带来的影响可能与其单独变化的影响不同。这样，若要考虑因素间的交互作用，则需相应地增加因素数，实验的次数也会随之增加。如：一个三水平、三因素的实验，若不考虑因素间的交互作用，可选用正交表 $L_9(3^4)$ 进行设计，需要完成 9 次实验；但若要考虑其因素间的交互作用，则需选用正交表 $L_{27}(3^{13})$ 进行设计，需要完成 27 次实验。

② 根据实验水平数选择正交表时，若各个因素的水平数相同时，我们可选用同因素数的正交表。若各因素对实验的影响程度不同，可视其情况，选择不同的水平数，这时就应选用相应的混合正交表，仍可利用上述方法进行实验设计。

③ 当选定了相应的正交表头，安排实验内容时，需要注意正交表头的设计，尤其是有交互作用存在的过程的表头设计。通过正交实验设计方法得到的实验数据可通过极差、方差分析法等数学方法对其进行分析，以得到可靠的、有指导意义的数据与结论。

重要符号表

C	量化系数
h	精密度指数
r	相关系数
S	仪表精度等级
ν	测量值与平均值之差
x	测量值
$\overline{x}$	平均值
Δ	极限误差
δ	绝对误差
σ	标准误差

第三章

化工实验常用参数测控技术

温度、压力和流量等参数都是化工生产过程和科学实验中操作条件的重要信息。本章主要介绍这些参数中较典型、常用的检测元件，检测方法及控制手段。

检测就是用专门的技术或专用的工具通过实验和计算找到被测量参数的数值。检测的目的是在限定的时间内正确显示被测对象的相关信息，以便对它们进行控制，管理生产。检测通常包括两个过程：一是能量形式的一次或多次转换，（实现这一过程的器件称为敏感元件或传感器）；二是将测量的结果与其相应的测量单位进行比较，转换成可读数值送给显示装置。

在检测环节取得了正确的测量结果后，就可以为控制环节提供相应的信息，以便采用适当的控制手段确保化工生产、科学实验得以安全、正常地进行。由此可见，检测环节就犹如人的眼睛、耳朵，其测量结果的准确度将直接影响到产品的合格率、实验的成功率。因此，选择合适的传感器及检测仪表对化工生产及科学实验显得尤为重要。

第一节　温度测量及控制

温度是表征物体或系统冷热程度的物理量，它反映物体或系统分子无规则热运动的剧烈程度，是化工生产和科学实验中最普遍、最重要的参数之一。

温度不能直接测量，它只能借助于冷热物体之间的热交换，以及随冷热程度不同而变化的物理特性间接测量。根据测量方式可把测温分为接触式与非接触式。

接触式测量基于热平衡原理。若某一测量元件同被测物体相接触，那么热量将在被测物体与测量元件之间传递，直至它们冷热程度完全一致。此时，测量元件的温度即为被测物体的温度。

非接触式是测量元件不与被测物体直接接触，而是通过其他原理（例如辐射原理和光学原理等）来测量被测物体的温度。它常用于测量运动物体、热容量小及特高温度的场合。

化工实验室中所涉及的被测温度对象基本上可用接触式测量法来测量，表3-1列出了一些常用接触式测量元件或仪器的测温原理、使用范围和特性。

表 3-1　接触式温度计分类

测量原理	测温仪表名称	使用温度范围/℃	特　　点
固体热膨胀	双金属温度计	−80~500	结构简单,价格便宜,使用方便,但感温不大,无法进行信号远传
液体热膨胀	玻璃液体温度计	−80~500	
气体热膨胀	压力式温度计	−50~450	

续表

测量原理	测温仪表名称	使用温度范围/℃	特　点
电阻变化	铂热电阻 半导体热敏电阻	−50～300	精度高,能进行信号远传,灵敏性好, 稳定性好,性能可靠,需加显示仪表
热电效应	铂铑-铂热电偶 镍铬-镍硅热电偶 铜-康铜热电偶	0～1600 0～1300 −200～400	

一、热膨胀式温度计

1. 玻璃管温度计

玻璃管温度计是最常用的一种测量温度的仪器。其特点是结构简单、价格便宜、读数方便、有较高的精度、测量范围为−80～500℃。它的缺点是易损坏,损坏后无法修复。目前实验室用得最多的是水银温度计和有机液体(如乙醇)温度计。水银温度计测量范围广、刻度均匀、读数准确,但损坏后易造成汞污染。有机液体(乙醇、苯等)温度计着色后读取数据容易,但由于膨胀系数随温度而变化,故刻度不均匀,精度较水银温度计低。

2. 玻璃管温度计的校正

用玻璃管温度计进行精确测量时要校正,其方法有两种:一是与标准温度计在同一状况下比较;二是利用纯物质相变点如冰-水,水-水蒸气系统校正。

用第一种方法进行校正时,可将被校验的玻璃管温度计与标准温度计(在市场上购买的二等标准温度计)一同插入恒温槽中,待恒温槽的温度稳定后,比较被校验温度计与标准温度计的示值。注意在校正过程中应采用升温校验。这是因为对有机液体来说它与毛细管壁有附着力,当温度下降时,会有部分液体停留在毛细管壁上,影响准确读数。水银温度计在降温时也会因摩擦发生滞后现象。

如果实验室内无标准温度计时,亦可用冰-水、水-水蒸气的相变温度来校正温度计。

(1)用水和冰的混合液校正0℃　在100mL烧杯中,装满碎冰或冰块,然后注入蒸馏水使液面达冰面下2cm为止,插入温度计使刻度便于观察或是露出0℃于冰面之上,搅拌并观察水银柱的改变,待其所指温度恒定时,记录读数,即是校正过的零度。注意勿使冰块完全溶解。

(2)用水和水蒸气校正100℃　按照图3-1安装。塞子应留缝隙,这是为了平衡试管内外的压力。向试管内加入少量沸水及10mL蒸馏水。调整温度计使其水银球在液面上3cm。以小火加热并注意蒸气在试管壁上冷凝形成一个环,控制火力使该环维持在水银球上方约2cm处,要保持水银球上有一液滴,说明液态与气态间达热平衡。观察水银柱读数当温度保持恒定时,记录读数。

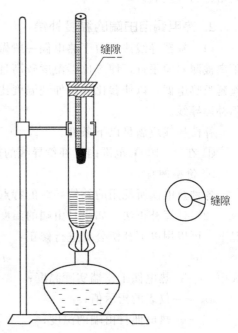

图 3-1　校正温度计安装示意

再经气压校正后即为校正的 100℃。

二、热电偶温度计

1. 热电偶测温元件及原理

将两种不同性质的金属丝或合金丝 A 与 B 连接成一个闭合回路。如果将它们的两个接点分别置于温度各为 t_0 和 t_1 的热源中，则该回路中就会产生电动势。这种现象称作热电效应。这个由不同金属丝组成的闭合回路即为热电偶（从理论上讲，任何两种金属或半导体都可以组成一支热电偶）。在两种金属的接触点处，由于逸出的电位不同产生接触电势，记作 $e_{AB}(t)$，根据物理学原理，其接触电势的大小为：

$$e_{AB}(t) = \frac{Kt}{e}\ln\frac{N_{At}}{N_{Bt}} \tag{3-1}$$

此外，由于金属丝两端温度不同，形成温差电势，其值为：

$$e_A(t,t_0) = \frac{K}{e}\int_{t_0}^{t}\frac{1}{N_A}\left(\frac{dN_{At}}{dt}\right)dt \tag{3-2}$$

热电偶回路中既有接触电势，又有温差电势，因此，回路中总电势为：

$$E_{AB}(t,t_0) = e_{AB}(t) + e_B(t,t_0) - e_{AB}(t_0) - e_A(t,t_0)$$
$$= [e_{AB}(t) - e_{AB}(t_0)] - [e_A(t,t_0) - e_B(t,t_0)] \tag{3-3}$$

由于温差电势比接触电势小很多，可忽略不计，故上式可简化为：

$$E_{AB}(t,t_0) = e_{AB}(t) - e_{AB}(t_0) = f_{AB}(t) - f_{AB}(t_0) \tag{3-4}$$

当 $t=t_0$ 时，$E_{AB}(t,t_0)=0$

当 t_0 一定时，$E_{AB}(t,t_0) = e_{AB}(t) - C$（$C$ 为常数）成为单值函数关系，这是热电偶测温的基本依据。

当 $t_0=0℃$ 时，可用实验方法测出不同热电偶在不同工作温度下产生的热电势值，列成表格称为分度表。

2. 热电偶自由端的温度补偿

（1）补偿导线法　由于热电偶一般做得比较短（特别是贵金属）。这样热电偶的参比端距离被测对象很近，使参比端温度较高且波动较大。所以采用某种廉价金属丝来代替贵金属丝延长热电偶，以使参比端延伸到温度比较稳定的地方。这种廉价金属丝做成的各种电缆，称补偿导线。

补偿导线应满足以下条件。

① 在 0～100℃ 范围内，补偿导线的热电性质与热电偶的热电性质相同。

② 价格便宜。

各种热电偶所配用的补偿导线的特点见表 3-2。

（2）计算补正法　如果自由端的温度在小范围（0～4℃）内变化，要求又不是很高的情况下，可以用以下补偿公式进行修正：

$$t = t_{指} + Kt'_0 \tag{3-5}$$

式中　t——热电偶工作端实际温度；

　　　$t_{指}$——仪表的指示值；

　　　t'_0——热电偶自由端的温度；

　　　K——修正系数。

表 3-2　各种热电偶所配用的补偿导线

热电偶名称	补 偿 导 线			
	正 极		负 极	
	材 料	颜 色	材 料	颜 色
铂铑-铂	铜	红	铜镍合金	绿
镍铬-镍硅	铜	红	康铜	棕
铜-康铜				
镍铬-考铜	镍铬	褐绿	考铜	黄

常用热电偶的近似 K 值见表 3-3。

表 3-3　常用热电偶的近似 K 值

类　别	铜-康铜 T(CK)	镍铬-考铜 EA	铁-康铜 J(TK)	镍铬-镍硅 K(EU)	铂铑$_{10}$-铂 S(LB)
常用温度	300～600℃	500～800℃	0～600℃	0～1000℃	1000～1600℃
近似 K 值	0.7	0.8	1	1	0.5

3. 补偿电桥法

补偿电桥法是利用不平衡电桥产生的电势来补偿热电偶因自由端温度变化而引起的热电势变化值。如图 3-2 所示。

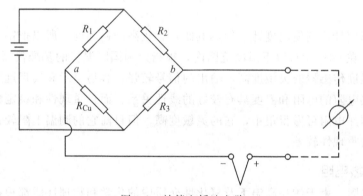

图 3-2　补偿电桥法电路

电桥由 R_1、R_2、R_3（均为锰铜电阻）和 R_{Cu}（铜电阻）组成。串联热电偶测量回路中，热电偶自由端与电桥中 R_{Cu} 处于同温。通常，取 $t_0 = 20℃$ 时，电桥平衡（$R_1 = R_2 = R_3 = R_{Cu}^{20}$），此时对角线 a、b 两点电位相等（即 $U_{ab} = 0$），电桥对仪表的读数无影响。当环境温度高于 20℃ 时，R_{Cu} 增加，平衡被破坏，a 点电位高于 b 点，产生一不平衡电压 U_{ab} 与热电偶的电势相叠加，一起送入测量仪表。适当选择桥臂电阻和电流的数值，可使电桥产生的不平衡电压 U_{ab} 正好补偿由于自由端温度变化而引起的热电势变化值，仪表即可指示出正确的温度。由于电桥是在 20℃ 时平衡，所以采用这种补偿电桥需把仪表的机械零位调整到 20℃ 的刻度线。

4. 几种常用热电偶

目前我国广泛使用的热电偶有下列几种。

（1）铂铑-铂热电偶，分度号为 S。该热电偶正极为 90% 的铂和 10% 的铑组成的合金丝，负极为铂丝，此种热电偶在 1300℃ 以下范围内可长期使用，在良好环境中，可短期测量 1600℃ 高温，由于容易得到高纯度的铂和铑，故该热电偶的复制精度和测量准确性较高，可用于精密温度测量和用作基准热电偶，其缺点是热电势较弱，且成本较高。

（2）镍铬-镍硅热电偶，分度号为 K。该热电偶正极为镍铬，负极为镍硅，该热电偶可在氧化性或中性介质中长期测量 900℃ 以下的温度，短期测量可达 1200℃。该热电偶具有复制性好，产生热电势大，线性好，价格便宜等特点。其缺点是测量精度偏低，但完全能满足工业测量的要求，是工业生产中最常用的一种热电偶。

（3）镍铬-考铜热电偶，分度号为 EA。该热电偶正极为镍铬，负极为考铜，适用于还原性或中性介质，长期使用温度不可超过 600℃，短期测量可达 800℃，该热电偶的特点是，电热灵敏度高，价格便宜。

（4）铜-康铜热电偶，分度号为 CK。该热电偶正极为铜，负极为康铜，它的特点是，低温时，精确度较高，可测量 −200℃ 的低温，上限温度为 300℃，价格低廉。

三、热电阻温度计

1. 热电阻测温元件及特点

电阻的热效应早已被人们所认识。人们根据导体或半导体的电阻值随温度变化的性质，将其特征值的变化用显示仪表反映出来，从而达到测温目的。

在工业上广泛应用的电阻温度计通常用于测量 −200～500℃ 范围内的温度，并有如下特点：

（1）电阻温度计比其他温度计（如热电偶）有较高的精确度，所以把铂电阻温度计作为基准温度计，并在 961.78℃ 以下温度范围内，被指定为国际温标的基准仪器；

（2）电阻温度传感器的灵敏度高，输出的信号较强，容易显示和实现远距离传送；

（3）金属热电阻的电阻和温度具有较好的线性关系，而且重现性和稳定性都较好；

（4）半导体热电阻可做得很小，它的灵敏度高，但目前它的测温上限较低，电阻温度关系为非线性，且重现性较差。

2. 标准化热电阻

（1）铂热电阻　由于铂在高温下及氧化性介质中的化学和物理性质都很稳定，所以用其制成的热电阻精度高，重现性好，可靠性强。

在 0～630.74℃ 范围内，铂电阻的阻值与温度之间的关系可以精确地用下式表示：

$$R_t = R_0(1 + At + Bt^2 + Ct^3) \tag{3-6}$$

在 0～−190℃ 范围内，铂的电阻值与温度的关系为：

$$R_t = R_0[1 + At + Bt^2 + C(t-100)t^3] \tag{3-7}$$

式中　R_t——某温度下铂电阻的阻值；

R_0——0℃ 时铂电阻的阻值，Ω；

A、B、C——常数，且 $A = 3.96847 \times 10^{-3}\ 1/℃$；$B = -5.847 \times 10^{-7}\ 1/℃^2$；$C = -4.22 \times 10^{-12}\ 1/℃^3$。

目前工业常用的铂电阻为 Pt100（$R_0 = 100\Omega$）。

（2）铜热电阻　铜电阻与温度呈直线关系，铜的电阻温度系数小，铜容易加工和提纯，价格便宜，这些都是用铜作为热电阻的优点。铜的主要缺点是，当温度超过 100℃时容易被氧化，另外，铜的电阻率较小。

铜一般用来制造 $-50 \sim 200℃$ 工程用的电阻温度计。它的电阻与温度的关系是线性的，即

$$R_t = R_0(1 + \alpha t) \qquad (3\text{-}8)$$

式中　R_t——铜电阻在温度 $t℃$时的电阻值，Ω；

　　　　R_0——铜电阻在温度 0℃时的电阻值，Ω，其值为 $R_0 = 50\Omega$；

　　　　α——铜电阻的电阻温度系数，$1/℃$，其值为 $\alpha = 4.25 \times 10^{-3}/℃$。

3. 热电阻阻值的测量仪表

由于热电阻只能反应由于温度变化而引起的电阻值的改变，因而通常需用测量显示仪表才能读出温度值。工业上与热电阻配套使用的测温仪表种类繁多，主要有电子平衡电桥和数字式显示仪表。

使用热电阻可以对温度进行较为精确的测量，因而在某些要求较高的场合下，需对热电阻进行标定，其方法是：用精密的仪器、仪表，测出被标定的热电阻在已知温度下的阻值，然后做出温度-阻值校正曲线，供实际测量使用。标定的主要仪器是：测温专用的电桥，如QJ18A。在标定要求不很严格的情况下，亦可使用高精度的数字万用表来测量热电阻的阻值。

四、温度计的标定

对温度计的标定，有标准值法和标准表法两种。标准值法就是用适当的方法建立起一系列国际温标定义的固定温度点（如冰水混合物为 0℃）作标准值，把被标定的温度计置于这些标准温度值下，记录下温度计的相应指示值，并做出校正图表，从而完成标定。更为常用和一般的方法为标准表法。就是把待标定的温度计和已标定好的更高一级精度的温度计紧靠在一起，共同放入可调节的恒温槽中，逐步调节恒温槽的温度，同时记录下两者的读数，再做出校正曲线，供以后测量使用。

五、温度控制技术

在工业生产过程中，由于介质获得热量的来源各异，因而控制手段也各不相同，本部分仅讨论电热控制方法。在实验或生产过程中，由于电能较容易得到，且易转换为热能，因而得到了广泛的应用，它的加热主体有电热棒、加热带、电炉丝等。如在精馏实验中，通过控制塔釜加热棒的加热电压来控制塔釜的加热量，即上升蒸气量，其控制电路分别由图 3-3 中的热电偶、测控仪表、固态继电器组成。

这样，通过修改控制仪表的设定值，即可控制电热棒上的加热电压，进而控制加热棒或被控对象的温度。

六、温度计安装使用注意事项

在工业生产过程通常应用铠装过的热电阻或热电偶温度传感器。使用这类温度传感器时首先应该注意使传感器和被测物体保持良好接触，其次由于传感器一般用金属物体铠装，铠装外套具有良好的导热性能，所以当需要精确测量时应该做好保温工作并考虑到滞后问题。

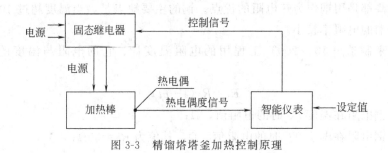

图 3-3　精馏塔塔釜加热控制原理

第二节　压力、压差测量及控制

　　压力、压差是化工生产及科学实验过程中的另一重要参数。在化学反应过程中，由于压力会影响物料平衡关系及反应速率，因此需测控，以保证生产和实验正常进行。化工生产和实验研究中测量压力的范围非常宽广，如从几十帕、几百兆帕表压到真空，所需的精度也各不相同，因此目前用于测压的仪器种类繁多，原理也不相同。

一、常用检测元件及原理

　　测量压力的方法通常有三种，即液柱法、弹性变形法和电测压力法，现简述如下。

1. 液柱式压力计

　　液柱式压力计按结构分，有正 U 形管压差计、倒 U 形管压差计、单管压差计、斜管式压差计、U 形管双指示压差计。其结构及特性见表 3-4。

表 3-4　液柱式压力计的结构及特性

名　称	示意图	测量范围	静态方程	备　注
正 U 形管压差计		高度差 h 不超过 800mm	$\Delta p = hg(\rho_A - \rho_B)$（液体） $\Delta p = hg\rho$（气体）	零点在标尺中间，用前不需调零，常用作标准压差计校正流量计
倒置 U 形管压差计		高度差 h 不超过 800mm	$\Delta p = hg(\rho_A - \rho_B)$（液体）	以待测液体为指示液，适用于较小压差的测量
单管压差计		高度差 h 不超过 1500mm	$\Delta p = h_1\rho(1+S_1/S_2)g$ 当 $S_1 \ll S_2$ 时 $\Delta p = h_1\rho g$ S_1：垂直管截面积 S_2：扩大室截面积（下同）	零点在标尺下端，用前需调整零点，可用做标准器

名称	示意图	测量范围	静态方程	备注
斜管压差计		高度差 h 不超过 200mm	$\Delta p=l\rho g(\sin\alpha+S_1/S_2)$ 当 $S_2\gg S_1$ 时 $\Delta p=l\rho g\sin\alpha$	α 小于 15°~20°时,可改变 α 的大小来调整测量范围。零点在标尺下端,用前需调整
U形管双指示压差计		高度差 h 不超过 500mm	$\Delta p=hg(\rho_A-\rho_C)$	U形管中装有 A、C 两种密度相近的指示液,且两臂上方有"扩大室",旨在提高测量精度

2. 弹性形变压力计

弹性形变压力计是一种机械式压力表,其结构原理如表 3-5 所示,其中波纹膜片和波纹管多用于微压和低压测量,单圈和多圈弹簧管可用于高、中、低压,直到真空度的测量。

表 3-5 弹性测压计元件的结构和特性

类别	名称	示意图	测压范围/Pa		输出特性	动态特性	
			最小	最大		时间常数/s	自振频率/Hz
薄膜式	平薄膜		$0\sim10^4$	$0\sim10^8$		$10^{-5}\sim10^{-2}$	$10\sim10^4$
	波纹膜		$0\sim1$	$0\sim10^6$		$10^{-2}\sim10^{-1}$	$10\sim10^2$
	挠性膜		$0\sim10^{-2}$	$0\sim10^5$		$10^{-2}\sim1$	$1\sim10^2$
波纹管式	波纹管		$0\sim1$	$0\sim10^6$		$10^{-2}\sim10^{-1}$	$10\sim10^2$

续表

类别	名称	示意图	测压范围/Pa		输出特性	动态特性	
			最小	最大		时间常数/s	自振频率/Hz
弹簧管式	单圈弹簧管	p_x　　x	$0\sim10^2$	$0\sim10^9$	x ↑ 曲线 p_x	—	$10^2\sim10^3$
	多圈弹簧管	x　p_x	$0\sim10$	$0\sim10^8$	x ↑ 曲线 p_x	—	$10\sim10^2$

3. 电测压力计

电测压力方法是通过转换元件把被测的压力信号变换成电信号送至显示仪表，指示压力表数值，实现这一变换的机械和电气元件称为传感器，其类型有压磁式、压电式、电容式、电感式和电阻应变式等。下面主要介绍电容式和压阻式压力传感器。

（1）电容式压力传感器　电容式压力传感器是利用两平行板电容测量压力的传感器，如图 3-4 所示。

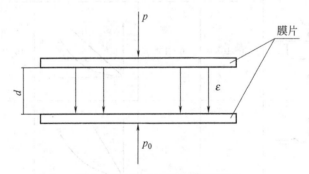

图 3-4　电容式压力传感器原理

当压力 p 作用于膜片时，膜片产生位移，改变板间距 d，引起电容量发生变化，经测量线路的转换，则可求出作用压力 p 的大小。当忽略边缘效应时，平板电容器的电容 C 为：

$$C = \frac{\varepsilon S}{d} \tag{3-9}$$

式中　ε——介电常数；

S——极板间重叠面积；

d——极板间距离。

由上式可知，电容量 C 的大小与 S、ε 和 d 有关，当被测压力影响三者中的任一参数，均会改变电容量。所以，电容式压力传感器可分为三种类型，即变面积式、变介电质式（可以用空气或固体介质如云母等）和变极间距离式。

电容式压力传感器的主要特点：①灵敏度高，故特别适用于低压和微压测试；②内部无可动件，故不消耗能量，减少了测量误差；③膜片质量很小，因而有较高的频率，从而保证了良好的动态响应能力；④用气体或真空作绝缘介质，其损失小，本身不会引起温度变化；⑤结构简单，多数采用玻璃、石英或陶瓷作为绝缘支架，因而可以在高温、辐射等恶劣条件下工作。

早期电容式压力传感器的主要缺点是它本身存在较大的寄生电容和分布电容，信号转换电路复杂，稳定性差。近年使用了新材料、新工艺和微型集成电路，并将电容式压力传感器的信号转换电路与传感器组装在一起，有效地消除了电噪声和寄生电容的影响。电容式压力传感器的测量压力范围可从几十帕到百兆帕，使用范围得以拓展，选用时可通过计算机网络查询。

（2）压阻式压力传感器

压阻式压力传感器也称为固态压力传感器或扩散型压阻式压力传感器。它是将单晶硅膜片和应变电阻片采用集成电路工艺结合在一起，构成硅压阻芯片，然后将此芯片封装在传感器的壳内，连接出电极线而制成。典型的压阻式压力传感器的结构原理如图3-5所示，图中硅膜片两侧有两个腔体，通常上接管与大气或与其他参考压力源相通，而与下接管相连的高压腔内充有硅油并有隔离膜片与被测对象隔离。

当被测对象的压力通过下引压管线、隔离膜片及硅油作用于硅膜片上时，硅膜片产生变形，膜片上的四个应变电阻片两个被压缩、两个被拉伸，使其构成的惠斯登电桥内电阻发生变化，并转换成相应的电信号输出。电桥采用恒压源或恒流源供电，减小了温度对

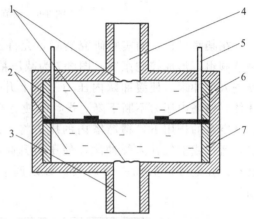

图3-5　压阻式压力传感器原理

1—隔离膜片；2—硅油；3—高压端；4—低压端；
5—引线；6—硅膜片及应变电阻；7—支架

测量结果的影响。应变电阻片的变化值与压力有良好的线性关系，因而压阻式压力传感器的精度常可达0.1%，频度响应可达数万赫兹，选用时可根据使用要求，由网络查询。

二、压力的控制技术

在生产和科学实验过程中，总是希望某一设备或某一工业系统保持恒定的压力，如在某反应器中，若器内压力波动，则将影响气-液平衡关系和反应速率。图3-6为工程中常用的压力控制系统。当工业系统中因某种条件变化而使器内的压力偏离设定值时，该调节系统将适时地调整调节阀的开度，使器内的压力维持恒定。由于工业生产过程情况复杂，因此控制方案、被控对象的选择应根据实际情况而定。如上述控制方案适用于生产过程中会释放一定能量，使反应器内压力升高，或由于其他原因（如加热）而使反应器内压力上升的场合。若某种反应吸收能量，降低系统压力时，则应由外部介质（如氮气或压缩空气）向反应器内补充以维持压力恒定。用调节阀组控制压力的优点是易得到稳定的压力，精度较高。但调节阀组的价格昂贵，安装复杂。

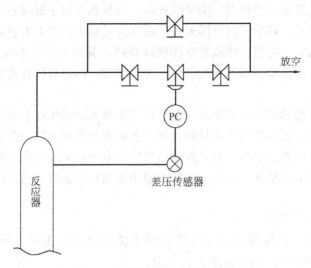

图 3-6　调节阀组压力控制系统

在某些场合，如实验研究装置，允许压力在小范围内波动时，可以用电磁阀来代替调节阀组，形成控制系统。图 3-7 为减压精馏压力控制系统。精馏塔内不凝性气体由冷凝器进入缓冲罐，使缓冲罐内压力不断上升，塔内的压力也随之升高。真空泵抽出这部分气体，使塔内压力不断下降。设计时使真空泵的流量略大于精馏塔内不凝性气体的流量。在真空泵的作用下，精馏塔内的压力将不断降低。当塔内压力低于设定值时，电磁阀开启，氮气或空气补入缓冲罐，使压力升高，超过给定值后，电磁阀闭合，真空泵继续抽真空。在电磁阀后加一微调阀，可以调节空气进入缓冲罐的量，使电磁阀不至于频繁动作。

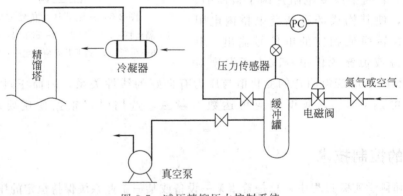

图 3-7　减压精馏压力控制系统

三、压力传感器安装使用注意事项

压力传感器需要安装正确才能得到准确的测量值。例如在测量气体压力时，传感器引压口应该朝上，这样可以防止气体中的水汽凝结成液体后带来的测量误差。在测量液体压力时，引压口应该朝下，这样可以防止气体进入测量管线。一般测量液体压力的传感器在安装完成后都要进行排气操作，以保证测量管线内液体的连续性（若选用隔膜密封远传压力变送器，要考虑其连接管液柱对测量值的影响）。

第三节　流 量 测 量

化工生产及科学实验过程中，经常需检测过程中各介质（液体、气体、蒸气和固体）的流量，以便为管理和控制生产提供依据，所以流量检测是化工生产及实验中参数测定最重要的环节之一。

流量分为瞬时流量和累积流量，瞬时流量是指在单位时间内流过管道某截面流体的量，可分为体积流量和质量流量。累积流量又称为总量，是指一段时间内，流过管道截面积流体的总和。

流量测量的方法和仪器很多，本节仅介绍常用的差压式流量计、转子流量计、涡轮流量计及质量流量计。

一、差压式流量计

差压式流量计是利用液体流经节流装置时产生压差来实现流量测量，常见的如孔板流量计，它是由能将被测量转换成压力信号的节流件（孔板、喷嘴等）和差压计相连构成，其计算公式为：

$$q_v = \alpha A_0 \varepsilon \sqrt{\frac{2}{\rho}(p_1 - p_2)} \qquad (3-10)$$

式中　q_v——流量，m^3/s；

α——实际流量系数（简称流量系数）；

A_0——节流孔开孔面积，$A_0 = (\pi/4)d_0^2$，m^2；

d_0——节流孔直径，m；

ε——流束膨胀校正系数，对不可压缩性流体，$\varepsilon = 1$，对可压缩性流体，$\varepsilon < 1$；

ρ——流体密度，kg/m^3；

$(p_1 - p_2)$——节流孔上下游两侧压力差，Pa。

若与压差传感器联合使用则可实现计算机数据在线采集。

二、转子流量计

转子流量计是通过改变流通面积的方法测量流量。转子流量计具有结构简单、价格便宜、刻度均匀、直观、量程比（仪器测量范围上限与下限之比）大、使用方便、能量损失小的特点，特别适合于小流量测量。若选择适当的锥形管和转子材料还可以测量有腐蚀性流体的流量，所以它在化工实验和生产中被广泛采用。转子流量计测量基本误差约为刻度最大值的±2％左右。它也可以实现数据在线采集，如10A5400型远传转子流量计。选用时，可从网络选购。

三、涡轮流量计

涡轮流量计为速度式流量计，是在动量矩守恒原理的基础上设计的。涡轮叶片因流动流体冲击而旋转，旋转速度随流量的变化而变化。通过适当的装置，将涡轮转速转换成电脉冲信号。通过测量脉冲频率，或用适当的装置将电脉冲转换成电压或电流输出，最终测取流量。

涡轮流量计的特点为：

① 测量精度高。精度可以达到 0.5 级以上，在狭小范围内甚至可达 0.1%。故可作为校验 1.5～2.5 级普通流量计的标准计量仪表。

② 对被测量信号的变化，反应快。被测介质为水时，涡轮流量计的时间常数一般只有几毫秒到几十毫秒。故特别适用于对脉动流量的测量。

四、质量流量计

前面介绍的各种流量计都是测量流体的体积流量。从普遍意义上讲，流体的密度是随流体的温度、压力的变化而变化的。因此，在测量体积流量的同时，必须测量流体的温度和压力，以便将体积流量换算成标准状态下的数值，进而求出质量流量。这样，在温度、压力频繁变化的场合，测量精度难以保证。若采用直接测量质量流量的测量方法，在免去换算麻烦的同时，测量的精度也能有所提高。选用时可从网络选购。

质量流量的测量方法，主要有两种。直接式，即检测元件直接反映出质量流量；推导式，即同时检测出体积流量和流体的密度，经运算仪器输出质量流量的信号。它们均可实现计算机数据在线采集。

五、流量的控制技术

在连续的工业生产和科学实验过程中，希望某种物料的流量保持稳定。下面介绍几种实验室常用的流量控制技术。

1. 用调节阀控制流量

精馏操作中，只有保持进料量和采出量等参数稳定，才能获得合格产品。如图 3-8 所示，它是一种采用调节阀、智能仪表、孔板流量计、差压传感器等器件来实现流量的调节和控制的调节系统。

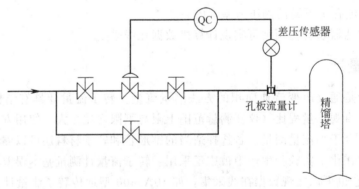

图 3-8　调节阀控制流量系统

2. 用计量泵控制流量

当物料流量较小时，采用上述调节方案将会造成较大误差，一般宜采用计量泵控制流量。

3. 用电磁铁分配器控制流量

在精馏实验中，采用回流比分配器来控制回流量和采出量则更为准确和简便，如图 3-9

所示，分配器为一玻璃容器，有一个进口、两个出口，分别连接精馏塔塔顶冷凝器、产品罐和回流管；中间有一根活动的带铁芯的导流棒，在电磁铁有规律的吸放下，控制导流棒上液体的流向，使液体流向产品罐或精馏塔。

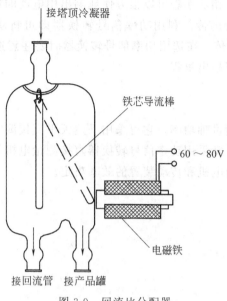

接塔顶冷凝器

铁芯导流棒

60～80V

电磁铁

接回流管　接产品罐

图 3-9　回流比分配器

4. 用变频器控制流量

当流量较大，且精度要求不是很高时，可采用变频器控制电机的转速，来控制流体流量。

以上所有计量传感器和仪表，均可根据用户要求，在计算机网络中查询、选用。

六、流量传感器安装使用注意事项

流量传感器需要安装正确才能得到准确的测量值。流量传感器的安装一般要求有足够的稳流段，一般流量计前要有 10～20d 的稳流段，流量计后要有 5～10d 的稳流段。另外，需要考虑管内流体的雷诺数，必要的时候要对管路进行缩径或者扩径处理。

第四节　功　率　测　量

一、单相功率

电网上用电器所消耗的功率等于用电器两端电压（U）和流过电流（I）以及它们之间相角（ϕ）余弦值的乘积，即 $P=UI\cos\phi$。

二、三相功率

某些负载如三相异步电动机，需要三相电源，其功率测量方法有两种：①逐一测出每相功率，然后分别相加，得到总功率；②用三相功率表直接测量三相功率。

在要求不高时，如测量三相四线制对称负载三相功率时，可采用测量某相单相功率，再乘以 3，算出总功率。

三、功率信号的检测方法

　　指针式单相功率表、三相功率表可以很方便地测出用电器的功率，但该信号只能在仪表的刻度盘上显示，无法进行远传。利用功率信号转换器即可将功率信号转换成相应的 4～20mA 信号，进行显示和远传。在选用功率信号转换器时要注意选择适当的量程，应使其输出信号既不会太小，也不能超出量程。

四、泵轴功率的测量

　　在离心泵实验中，需测量轴功率，它可采用马达天平直接测定，但该法安装复杂，使用也较麻烦。所以，工程上，常采用功率信号转换器直接测量电机的功率，再乘上轴功率系数即可，该系数的大小主要由电机和传动装置的效率决定。

第四章

化工原理及化工基础实验

实验一　流体流动阻力的测定

流体阻力的大小关系到输送机械的动力消耗和输送机械的选择，测定流体流动阻力对化工及相关过程工业的设计、生产和科研具有重要意义。

一、实验目的及任务

① 掌握测定流体流动阻力实验的一般实验方法。

② 测定直管的摩擦阻力系数 λ 及突然扩大管和阀门的局部阻力系数 ξ。

③ 测定层流管的摩擦阻力。

④ 验证在湍流区内摩擦阻力系数 λ 为雷诺数 Re 和相对粗糙度的函数。

⑤ 将所得光滑管的 λ-Re 方程与 Blasius 方程相比较。

二、基本原理

1. 直管摩擦阻力

不可压缩流体（如水），在圆形直管中做稳定流动时，由于黏性和涡流的作用产生摩擦阻力；流体在流过突然扩大、弯头等管件时，由于流体运动的速度和方向突然变化，产生局部阻力。影响流体阻力的因素较多，在工程上通常采用量纲分析方法简化实验，得到在一定条件下具有普遍意义的结果，其方法如下。

流体流动阻力与流体的性质，流体流经处的几何尺寸，以及流动状态有关，可表示为：

$$\Delta p = f(d, l, u, \rho, \mu, \varepsilon)$$

引入无量纲数群：

雷诺数 $$Re = \frac{du\rho}{\mu}$$

相对粗糙度 $$\frac{\varepsilon}{d}$$

管子长径比 $$\frac{l}{d}$$

从而得到： $$\frac{\Delta p}{\rho u^2} = \Psi\left(\frac{du\rho}{\mu}, \frac{\varepsilon}{d}, \frac{l}{d}\right)$$

令 $\lambda = \Phi(Re, \varepsilon/d)$

$$\frac{\Delta p}{\rho} = \frac{l}{d} \Phi \left(Re, \frac{\varepsilon}{d} \right) \frac{u^2}{2}$$

可得摩擦阻力系数与压头损失之间的关系，这种关系可用实验方法直接测定。

$$H_f = \frac{\Delta p}{\rho} = \lambda \frac{l}{d} \times \frac{u^2}{2} \qquad (4-1)$$

式中　H_f——直管阻力，J/kg；

　　　　l——被测管长，m；

　　　　d——被测管内径，m；

　　　　u——平均流速，m/s；

　　　　λ——摩擦阻力系数。

当流体在一管径为 d 的圆形管中流动时，选取两个截面，用 U 形压差计测出这两个截面间的静压强差，即为流体流过两截面间的流动阻力。根据伯努利方程找出静压强差和摩擦阻力系数的关系式，即可求出摩擦阻力系数。改变流速可测出不同 Re 下的摩擦阻力系数，这样就可得出某一相对粗糙度下管子的 λ-Re 关系。

在湍流区内摩擦阻力系数 $\lambda = f(Re, \varepsilon/d)$，对于光滑管，大量实验证明，当 Re 在 $3 \times 10^3 \sim 10^5$ 的范围内，λ 与 Re 的关系遵循 Blasius 关系式，即

$$\lambda = 0.3163/Re^{0.25} \qquad (4-2)$$

对于粗糙管，λ 与 Re 的关系均以图来表示。

层流的摩擦阻力系数 λ：

$$\lambda = \frac{64}{Re} \qquad (4-3)$$

2. 局部阻力

$$H_f = \xi \frac{u^2}{2} \qquad (4-4)$$

式中，H_f 为局部阻力；ξ 为局部阻力系数，它与流体流过的管件的几何形状及流体的 Re 有关，当 Re 大到一定值后，ξ 与 Re 无关，成为定值。

三、装置和流程

本实验装置如图 4-1 所示，管道水平安装，实验用水循环使用。其中 5 管为层流管，管径 $\phi(6 \times 1.5)$mm，两测压点之间距离为 1.50m；6、7 安装有球阀和截止阀两种管件，管径为 $\phi(27 \times 3)$mm；8 管为 $\phi(27 \times 3)$mm 不锈钢管；9 管为 $\phi(27 \times 2.75)$mm 镀锌钢管，直管阻力的两测压口间的距离为 1.5m；10 管为突然扩大管，管子由 $\phi(22 \times 3)$mm 扩大到 $\phi(48 \times 3)$mm。各测量元件两测压口，均与压差传感器相连（但各口都有阀，可以切换），系统流量由涡轮流量计 3 测量。

四、实验操作要点

(1) 开泵：打开各管路的切换阀门，关闭流量调节阀 11，按变频仪 13 绿色按钮启动泵，固定转速（频率在 50Hz），观察泵出口压力表读数在 0.2MPa 左右时，即可开始实验。

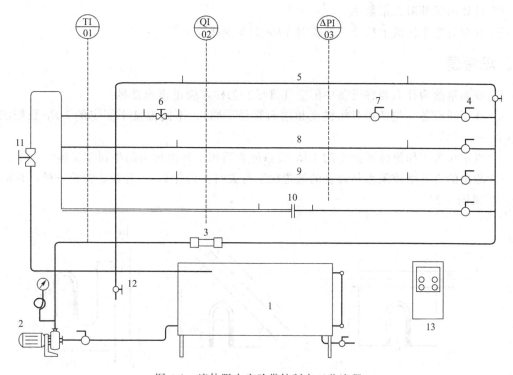

图 4-1 流体阻力实验带控制点工艺流程

1—水箱；2—水泵；3—涡轮流量计；4—主管路切换阀；5—层流管；6—截止阀；7—球阀；

8—不锈钢管；9—镀锌钢管；10—突扩管；11—流量调节阀（闸阀）；

12—层流管流量阀（针阀）；13—变频仪

（2）排净系统（各主管及测压管线中）气体：设备主管和测压管线中的气体都要排净，其方法是打开流量调节阀 11 数十秒钟后再关闭。这时流量为零，待数十秒钟后，观察压差传感器指示读数是否为零（允许有 1～3Pa 的波动，可在记录和计算时扣除），否则，要重新排气。

（3）实验测取数据：需测定哪个元件，则打开哪个管路的切换阀和测压管线上的切换阀，其余管路的切换阀和测压管线上的切换阀都关闭。流量由小到大，测取 10～12 组数据，然后再由大到小测取几组数据，以检查数据的重复性。测定突然扩大管、球阀、截止阀的局部阻力时，可各测取 3 组数据。层流管的流量用量筒与秒表测取。

（4）测完一个元件（如一根管）的数据后，应将流量调节阀 11 关闭，观察压差传感器指示读数是否为零（允许有 1～3Pa 的波动，可在记录和计算时扣除），否则，要重新排气。

（5）层流实验时，应关闭流量调节阀 11。变频仪 13 频率，应调到 12～15Hz 情况下，用层流管流量阀（针阀）12 调节流量，用量筒与秒表测取数据。

要了解各种阀门的特点，学会阀门的使用，注意阀门的切换。

五、报告要求

① 在双对数坐标纸上标绘出湍流时 $\lambda\text{-}Re\text{-}\varepsilon/d$ 关系曲线。

② 将光滑管的 $\lambda\text{-}Re$ 关系与 Blasius 公式进行比较。

③ 计算出局部阻力系数 ξ。

④ 在双对数坐标纸上标绘出层流时 $\lambda\text{-}Re$ 关系曲线。

六、思考题

① 在测量前为什么要将设备中的空气排尽？怎样才能迅速地排尽？

② 在不同设备（包括相对粗糙度相同而管径不同）、不同温度下测定的 $\lambda\text{-}Re$ 数据能否关联在一条曲线上？

③ 以水作为工作流体所测得的 $\lambda\text{-}Re$ 关系能否适用于其他种类的牛顿型流体？为什么？

④ 测出的直管摩擦阻力与设备的放置状态有关吗？为什么？（管径、管长一样，且 $R_1=R_2=R_3$ 见图 4-2）

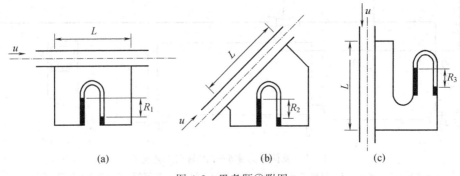

(a)　　　　　　　　(b)　　　　　　　　(c)

图 4-2　思考题④附图

⑤ 如果要增加雷诺数的范围，可采取哪些措施？

⑥ 若要实现计算机在线测控，应如何选用测试传感器及仪表？

化工管路设计

① 根据流量要求，确定管道直径。流体在管道中，常用流速的选定，可参见化工设计手册。管径计算完后，要根据流体性质选用管道材质，并按标准规格圆整。

② 确定流体流向时，一般应下进上出，以确保流体充满管道（或设备），如工艺要求上进下出时，应采用辅助手段，如装 Π 形管等。另外，控制阀通常应安装在管道（或设备）下游。

③ 水平管道铺设时，要有 1/1000 坡度，最低处，要设放净阀（这对寒冷地区十分重要）。

④ 热管，要考虑热补偿（钢管每 $100℃$，约伸长 $1mm$），另外多组并联的冷管会因加工、安装长度差异等因素，而导致管道拉裂，并导致流体泄漏，也要考虑补偿。补偿的方法和措施有：采用 Ω 管，承插式补偿器等。

⑤ 管道的保温与伴热。因工艺要求，部分管道需保温，有些管道需伴热（对于寒冷地区十分重要），伴热可采用电伴热或蒸汽、热水伴热等方式。

⑥ 管道的吹扫、试压、试漏及清洗。管道在安装完毕后，要进行吹扫（用压缩空气）、试漏、试压、水洗，必要时还应化学清洗，然后用 N_2 置换，再封死，等待开车进料。

⑦ 水泵采用变频器调速（调压），在频率为 $12\sim15Hz$ 时，可获得与 3m 高位槽相当，

且压头稳定的水源，这样，可取消高位槽。

实验二　离心泵性能实验

一、实验目的及任务

① 了解离心泵的构造，掌握其操作和调节方法。

② 测定离心泵在恒定转速下的特性曲线，并确定泵的最佳工作范围。

③ 熟悉孔板流量计的构造、性能及安装方法。

④ 测定孔板流量计的孔流系数。

⑤ 测定管路特性曲线。

二、基本原理

1. 离心泵特性曲线测定

离心泵的性能参数取决于泵的内部结构、叶轮形式及转速。其中理论压头与流量的关系，可通过对泵内液体质点运动的理论分析得到，如图 4-3 中的曲线。由于流体流经泵时，不可避免地会遇到种种阻力，产生能量损失，诸如摩擦损失、环流损失等，因此，实际压头要比理论压头小，且难以通过计算求得，因此通常采用实验方法，直接测定其参数间的关系，并将测出的 $H_e\text{-}Q$、$N\text{-}Q$、ηQ 三条曲线称为离心泵的特性曲线。另外，根据此曲线也可以找出泵的最佳操作范围，作为选泵的依据。

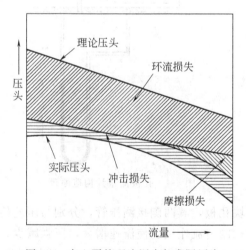

图 4-3　离心泵的理论压头与实际压头

泵的扬程用下式计算：

$$H_e = H_{压力表} + H_{真空表} + H_0 \tag{4-5}$$

式中　$H_{压力表}$——泵出口处的压力，mH_2O；

　　　$H_{真空表}$——泵入口处的真空度，mH_2O；

　　　H_0——压力表和真空表测压口之间的垂直距离 0.2m。

泵的有效功率和效率

由于泵在运转过程中存在种种能量损失，使泵的实际压头和流量较理论值为低，而输入泵的功率又比理论值为高，所以泵的总效率为：

$$\eta = \frac{Ne}{N_{\text{轴}}} \tag{4-6}$$

$$Ne = \frac{QH_e\rho}{102} \tag{4-7}$$

式中　　Ne——泵的有效功率，kW；

　　　　Q——流量，m^3/s；

　　　　H_e——扬程，m；

　　　　ρ——流体密度，kg/m^3。

　　$N_{\text{轴}}$ 为由泵轴输入离心泵的功率：

$$N_{\text{轴}} = N_{\text{电}}\, \eta_{\text{电}}\, \eta_{\text{转}} \tag{4-8}$$

式中　　$N_{\text{电}}$——电机的输入功率，kW；

　　　　$\eta_{\text{电}}$——电机效率，取 0.9；

　　　　$\eta_{\text{转}}$——传动装置的传动效率，一般取 1.0。

2. 孔板流量计孔流系数的测定

孔板流量计的结构如图 4-4 所示。

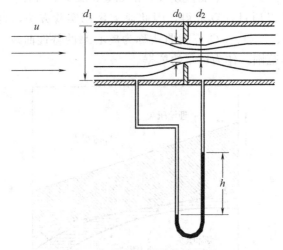

图 4-4　孔板流量计构造原理

在水平管路上装有一块孔板，其两侧接测压管，分别与压差传感器的两端相连接。孔板流量计是利用流体通过锐孔的节流作用，使流速增大，压强减少，造成孔板前后压强差，作为测量的依据。若管路直径为 d_1，孔板锐孔直径为 d_0，流体流经孔板后所形成缩脉的直径为 d_2，流体密度为 ρ，孔板前测压导管截面处和缩脉截面处的速度和压强分别为 u_1、u_2 与 p_1、p_2，根据伯努利方程式，不考虑能量损失可得：

$$\frac{u_2^2 - u_1^2}{2} = \frac{p_1 - p_2}{\rho} = gh \tag{4-9}$$

或　　　　　　　$$\sqrt{u_2^2 - u_1^2} = \sqrt{2gh}$$

由于缩脉的位置随流速的变化而变化，故缩脉处截面积 S_2 难以知道，而孔口的面积为已知，且测压口的位置在设备制成后也不改变，因此，可用孔板孔径处的 u_0 来代替 u_2，考虑到流体因局部阻力而造成的能量损失，用校正系数 C 校正后，则有：

$$\sqrt{u_0^2 - u_1^2} = C\sqrt{2gh} \tag{4-10}$$

对于不可压缩流体，根据连续性方程有：

$$u_1 = u_0 \frac{S_0}{S_1}$$

经过整理可得：

$$u_0 = C\frac{\sqrt{2gh}}{\sqrt{1 - \left(\dfrac{S_0}{S_1}\right)^2}} \tag{4-11}$$

令 $C_0 = \dfrac{C}{\sqrt{1 - \left(\dfrac{S_0}{S_1}\right)^2}}$，则又可以简化为：

$$u_0 = C_0\sqrt{2gh}$$

根据 u_0 和 S_2 即可算出流体的体积流量：

$$V_s = u_0 S_0 = C_0 S_0 \sqrt{2gh}$$

或

$$V_s = C_0 S_0 \sqrt{\frac{2\Delta p}{\rho}} \tag{4-12}$$

式中　V_s——流体的体积流量，m^3/s；

　　　Δp——孔板压差，Pa；

　　　S_0——孔口面积，m^2；

　　　ρ——流体的密度，kg/m^3；

　　　C_0——孔流系数。

孔流系数的大小由孔板锐孔的形状、测压口的位置、孔径与管径比和雷诺数共同决定，具体数值由实验确定。当 d_0/d_1 一定，雷诺数 Re 超过某个数值后，C_0 就接近于定值。通常工业上定型的孔板流量计都在 C_0 为常数的流动条件下使用。

三、装置和流程

图 4-5 所示为泵性能实验带控制点的工艺流程。

四、操作要点

① 打开主管路的切换阀门，关闭流量调节阀门 6，按变频仪 7 绿色按钮启动泵，固定转速（频率在 50Hz），观察泵出口压力表读数在 0.2MPa 左右时，即可开始实验。

② 通过流量调节阀 6，调节水流量，从 0 到最大（流量由涡轮流量计 3 测得），记录相关数据，完成离心泵特性曲线和孔板孔流系数实验。

③ 打开全部支路阀门，流量调节阀 6 开到最大，通过改变变频仪频率，实现调节水流量，完成管路特性曲线实验。

④ 切换阀门形成泵并联组合，频率为 50Hz 时，通过流量调节阀 6，改变水流量从 0 到 $10m^3/h$，完成并联实验，两组同学共同记录相关数据。

⑤ 每个实验均测 10～12 组数据，实验完后再测几组验证数据，若基本吻合，则可停泵（按变频仪红色按钮停泵），关闭流量调节阀 6，做好卫生工作，同时记录设备的相关数据

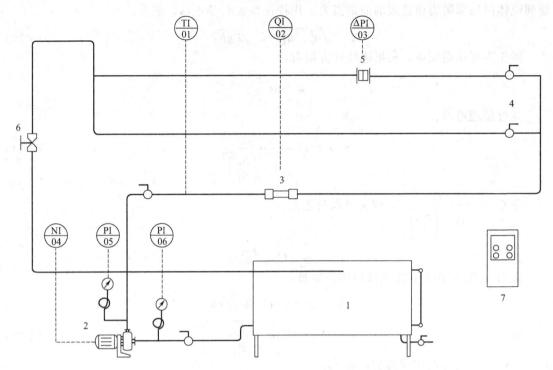

图 4-5 泵性能实验带控制点的工艺流程

1—水箱；2—离心泵；3—涡轮流量计；4—主管路切换阀；

5—孔板流量计；6—流量调节阀；7—变频仪

（如离心泵型号、额定流量、扬程、功率等）。

五、报告要求

① 画出离心泵的特性曲线，判断该泵较为适宜的工作范围。

② 在单对数坐标纸上作出 C_0-Re 曲线。

③ 绘出管路特性曲线。

六、思考题

① 根据离心泵的工作原理，在启动前为何要关闭调节阀 6？

② 当改变流量调节阀开度时，压力表和真空表的读数按什么规律变化？

③ 用孔板流量计测流量时，应根据什么选择孔口尺寸、压差计的量程？

④ 试分析气缚现象与气蚀现象的区别。

⑤ 根据什么条件来选择离心泵？

⑥ 从你所得的特性曲线中分析，如果要增加该泵的流量范围，你认为可以采取哪些措施？

⑦ 试分析允许吸上真空高度与泵的安装高度的区别。

⑧ 允许吸上真空高度 $H_s=7\text{m}$，若选用密度比水轻的苯作介质，允许吸上真空高度将如变化？为什么？

⑨ 若要实现计算机在线测控，应如何选用测试传感器及仪表？

实验三 板框及动态过滤实验

板框过滤实验

一、实验目的及任务

① 熟悉板框过滤机的结构和操作方法。

② 测定在恒压过滤操作时的过滤常数。

③ 掌握过滤问题的简化工程处理方法。

二、基本原理

过滤是利用多孔介质（滤布和滤渣），使悬浮液中的固、液得到分离的单元操作。过滤操作本质上是流体通过固体颗粒床层的流动，所不同的是，该固体颗粒床层的厚度随着过滤过程的进行不断增加。过滤操作可分为恒压过滤和恒速过滤。当恒压操作时，过滤介质两侧的压差维持不变，则单位时间通过过滤介质的滤液量会不断下降；若恒速操作，则应保持过滤速度不变。

过滤速率基本方程的一般形式为：

$$\frac{\mathrm{d}V}{\mathrm{d}\tau} = \frac{A^2 \Delta p^{1-s}}{\mu r' \nu (V + V_e)} \tag{4-13}$$

式中 V——τ 时间内的滤液量，m^3；

V_e——过滤介质的当量滤液体积，它是形成相当于滤布阻力的一层滤渣所得的滤液体积，m^3；

A——过滤面积，m^2；

Δp——过滤的压力降，Pa；

μ——滤液黏度，Pa·s；

ν——滤饼体积与相应滤液体积之比，无量纲；

r'——单位压差下滤饼的比阻，$1/m^2$；

s——滤饼的压缩指数，无量纲。一般情况下，$s = 0 \sim 1$，对于不可压缩的滤饼，$s = 0$。

恒压过滤时，对上式积分可得：

$$(q + q_e)^2 = K(\tau + \tau_e) \tag{4-14}$$

式中 q——单位过滤面积的滤液量，$q = V/A$，m^3/m^2；

q_e——单位过滤面积的虚拟滤液量，m^3/m^2；

K——过滤常数，$K = \dfrac{2\Delta p^{1-s}}{\mu r' \upsilon}$，$m^2/s$；

τ——过滤介质获得滤液体积所需时间；

τ_e——过滤介质获得单位滤液体积所需时间。

对上式微分可得：

$$\frac{\mathrm{d}\tau}{\mathrm{d}q} = \frac{2q}{K} + \frac{2q_e}{K} \tag{4-15}$$

该式表明 $d\tau/dq \sim q$ 为直线，其斜率为 $2/K$，截距为 $2q_e/K$，为便于测定数据计算速率常数，可用 $\Delta\tau/\Delta q$ 替代 $d\tau/dq$，则式(4-15)可写成：

$$\frac{\Delta\tau}{\Delta q}=\frac{2q}{K}+\frac{2q_e}{K} \tag{4-16}$$

将 $\Delta\tau/\Delta q$ 对 q 标绘（q 取各时间间隔内的平均值），在正常情况下，各交点均应在同一直线上，如图4-6所示。直线的斜率为 $2/K=a/b$，截距为 $2q_e/K=c$，由此可求出 K 和 q_e。

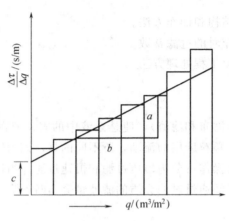

图4-6 $\Delta\tau/\Delta q \sim q$ 对应关系

三、装置和流程

实验流程如图4-7所示，分别可进行过滤、洗涤和吹干三项操作。

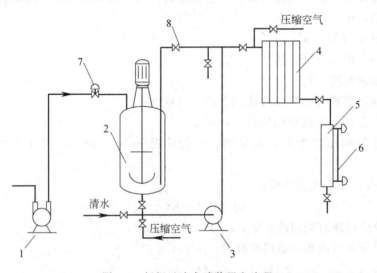

图4-7 板框过滤实验装置和流程

1—压缩机；2—配料釜；3—供料泵；4—圆形板框过滤机；5—滤液计量筒；
6—液面计及压力传感器；7—压力控制阀；8—旁路阀

碳酸钙悬浮液在配料釜内配置，搅拌均匀后，用供料泵送至板框过滤机进行过滤，滤液流入计量筒，碳酸钙则在滤布上形成滤饼。为调节不同操作压力，管路上还装有旁路阀。

板框过滤机的板框结构如图4-8所示，滤板厚度为12mm，每个滤板的面积（双面）为

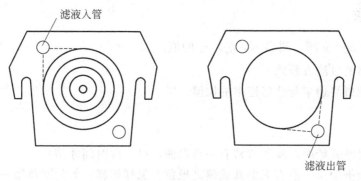

图 4-8　板框结构示意

$0.0216\mathrm{m}^2$。本实验引入了计算机在线数据采集和控制技术，加快了数据记录和处理速度。

四、实验操作要点

排好板和框的位置和次序，装好滤布，不同的板和框用橡胶垫隔开，然后压紧板框。

1. 清水实验

① 将滤机上的进、出口阀按需要打开或关闭，用清水实验（是否漏，哪些地方漏，漏的地方是否影响实验结果）并以清水练习计量及调节压力的操作。

② 清水实验时，因过滤介质的阻力不变，属恒压恒速过程。

③ 用清水实验的数据作图，可得一条平行于横轴的直线，由此可准确地求出过滤方程微分式的截距，准确地求出 q_e。

需要指出，滤布的洗净程度对截距值影响很大，因此，滤布必须用洁净的清水充分洗净，并要铺平，孔要对正。清水实验选用的压力应与过滤物料时的压力相同。

2. 过滤实验

① 悬浮液的配制：质量分数为 $3\%\sim5\%$ 较为适宜，配制好开动压缩机将其送入贮浆罐中，使滤液均匀搅拌。

② 滤布应先湿透，滤布孔要对准，表面服帖平展无皱纹，否则会漏。

③ 装好滤布，排好板框，然后压紧板框。

④ 检查阀门，应注意将悬浮液进过滤机的进口旋塞先关闭。

⑤ 计量筒中的液面调整到零点。

⑥ 打开管线最底部的旋塞放出管内积水。

⑦ 启动后打开悬浮液的进口阀，将压力调至指定的工作压力。

⑧ 待滤渣装满框时即可停止过滤（以滤液量显著减少到一滴一滴地流出为准）。

3. 测定洗涤速率

若需测定洗涤速率和过滤最终速率的关系，则可通入洗涤水（记住要将旁路阀关闭），并记录洗涤水量和时间；若需吹干滤饼，则通入压缩空气。实验结束后，停止空气压缩机，关闭供料泵，拆开过滤机，取出滤饼，并将滤布洗净。如长期停机，则可在配料釜搅拌及供料泵起动情况下，打开放净阀，将剩余浆料排出，并通入部分清水，清洗釜、供料泵及管道。

五、报告要求

① 绘出 $\Delta\tau/\Delta q \sim q$ 图,列出 K,q_e,τ_e 的值。

② 得出完整的过滤方程式。

③ 列出过滤最终速率与洗涤速率的比值。

六、讨论题

① 为什么过滤开始时,滤液常常有一点混浊,过一段时间才清?

② 你实验数据中第一点有无偏低或偏高现象?怎样解释?如何对待第一点数据?

③ Δq 取大些好还是取小些好?同一次实验,Δq 值不同,所得出的 K 值、q_e 值会不会不同?作直线求 K 及 q_e 时,直线为什么要通过矩形顶边的中点?

④ 滤浆浓度和过滤压强对 K 值有何影响?

⑤ 过滤压强增加一倍后,得到同样滤液量所需的时间是否也减少一半?

⑥ 影响过滤速率的因素有哪些?

⑦ 若要实现计算机在线测控,应如何选用测试传感器及仪表?

动态过滤实验

一、实验目的及任务

① 熟悉烛芯动态过滤器的结构与操作方法。

② 测定不同压差、流速及悬浮液浓度对过滤速率的影响。

二、基本原理

传统过滤中,滤饼会不断增厚,固体颗粒连同悬浮液都以过滤介质为其流动终端,垂直流向操作,故又称终端过滤。这种过滤的主要阻力来自滤饼,为了保持过滤初始阶段的高过滤速率,可采用诸如机械的、水力的或电场的人为干扰限制滤饼增长,这种有别于传统的过滤称为动态过滤。

本动态过滤实验是借助一个流速较高的悬浮液平行流过过滤介质,既可使滤液通过过滤介质,又可抑止滤饼层的增长,从而实现稳定的高过滤速率。

动态过滤特别适用于下列情况:①将分批过滤操作改为动态过滤,这样,不仅操作可连续化,同时,最终浆料的固含量可提高;②难以过滤的物料,如可压缩性较大、分散性较高或稍许形成滤饼即形成很大过滤阻力的浆料及浆料黏度大的假塑性物料(流动状态下黏度会降低)等;③在操作极限浓度内滤渣呈流动状态流出,省去卸料装置带来的问题;④洗涤效率要求高的场合。

三、装置和流程

实验流程如图 4-9 所示。

碳酸钙悬浮液在原料罐中配制,搅拌均匀后,用旋涡泵送至烛芯过滤器过滤。滤液由接受器收集,并用电子天平计量后,再倒入小贮罐,并用磁力泵送回原料罐,以保持浆料浓度不变。浆料的流量用孔板流量计 10 计量,压力靠阀 9 和电磁阀 12 来调节和控制。

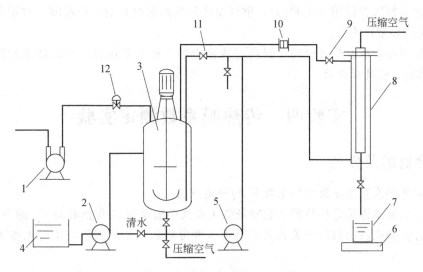

图 4-9　动态过滤实验装置和流程

1—压缩机；2—磁力泵；3—原料罐；4—小贮罐；5—旋涡泵；6—电子天平；7—烧杯；

8—烛芯过滤器；9—进料调节阀；10—孔板流量计；11—旁路阀；12—电磁阀

本实验烛芯过滤器内管采用不锈钢烧结微孔过滤棒作为过滤元件，其外径为 25mm，长 300mm，微孔平均孔径为 $10\mu m$。外管为 $\Phi(40\times2.5)mm$ 不锈钢管。

四、实验操作要点

① 悬浮液固体含量 1％～5％；压力 3～10kPa；流速 0.5～2.5m/s 为宜。

② 做正式实验前，建议先做出动态过滤速度趋势图（即滤液量与过滤时间的关系图），找到"拟稳态阶段"的起始时间，然后再开始测取数据，以保证数据的正确。

③ 每做完一轮数据（一般 5～6 点即可），可用压缩空气（由烛芯过滤器顶部进入）吹扫滤饼，并启动旋涡泵，用浆料将滤饼送返原料罐，再配制高浓度浆料后，开始下一轮实验。

④ 实验结束后，如长期停机，则可在原料罐、搅拌罐及旋涡泵工作情况下，打开放净口阀，将浆料排出，存放，再通入部分清水，清洗罐、泵、过滤器。

五、报告要求

① 绘制动态过滤速度趋势图（滤液量与过滤时间的关系图）。

② 绘制操作压力、流体速度、悬浮液含量对过滤速度的关系图。

六、讨论题

① 论述动态过滤速度趋势图。

② 分析和讨论操作压力、流体速度、悬浮液含量对过滤速度的影响。

③ 操作过程中浆料温度有何变化？对实验数据有何影响？如何克服？

④ 若要实现计算机在线测控，应如何选用测试传感器和仪表？

开发与设计

① 板框过滤单板面积在 $0.1m^2$ 左右，2～3 个板为宜，否则，用料量大。

② 过滤物料因含固相（碳酸钙），供料泵选用旋涡泵时其动密封易漏，改用不锈钢磁力泵（屏蔽式离心泵）为好。

③ 板框与动态过滤联合使用是提高过滤能力的一种有效途径，动态过滤元件可采用烧结金属（陶瓷）多孔板或管。

实验四　传热膜系数测定实验

一、实验目的及任务

① 掌握传热膜系数 α 及传热系数 K 的测定方法。

② 通过实验掌握确定传热膜系数特征数关系式中的系数 A 和指数 m、n 的方法。

③ 通过实验提高对特征数关系式的理解，并分析影响 α 的因素，了解工程上强化传热的措施。

二、基本原理

对流传热的核心问题是求算传热膜系数 α，当流体无相变时对流传热特征数关系式的一般形式为：

$$Nu = ARe^m Pr^n Gr^p \tag{4-17}$$

对于强制湍流而言，Gr 可以忽略，即

$$Nu = ARe^m Pr^n \tag{4-18}$$

本实验中，可用图解法和最小二乘法计算上述特征数关系式中的指数 m、n 和系数 A。

用图解法对多变量方程进行关联时，要对不同变量 Re 和 Pr 分别回归。本实验可简化上式，即取 $n=0.4$（流体被加热）。这样，上式即变为单变量方程，在两边取对数，即得到直线方程：

$$\lg \frac{Nu}{Pr^{0.4}} = \lg A + m \lg Re \tag{4-19}$$

在双对数坐标中作图，找出直线斜率，即为方程的指数 m。在直线上任取一点的函数值带入方程中，则可得到系数 A，即

$$A = \frac{Nu}{Pr^{0.4} Re^m} \tag{4-20}$$

用图解法，根据实验点确定直线位置有一定的人为性。而用最小二乘法回归，可以得到最佳关联结果。应用计算机辅助手段，对多变量方程进行一次回归，就能同时得到 A、m、n。

对于方程的关联，首先要有 Nu、Re、Pr 的数据组。其特征数定义式分别为：

$$Re = \frac{du\rho}{\mu}, \quad Pr = \frac{Cp\mu}{\lambda}, \quad Nu = \frac{\alpha d}{\lambda}$$

实验中改变空气的流量，以改变 Re 的值。根据定性温度（空气进、出口温度的算术平均值）计算对应的 Pr 值。同时，由牛顿冷却定律，求出不同流速下的传热膜系数值，进而算得 Nu 值。

牛顿冷却定律：

$$Q = \alpha A \Delta t_m \tag{4-21}$$

式中　α——传热膜系数，W/(m² · ℃)；

Q——传热量，W；

A——总传热面积，m^2；

Δt_m——管壁温度与管内流体温度的对数平均温差，℃。

传热量可由下式求得：

$$Q=Wc_p(t_2-t_1)/3600=\rho V_s c_p(t_2-t_1)/3600 \qquad (4-22)$$

式中　W——质量流量，kg/h；

c_p——流体的比定压热容，J/(kg·℃)；

t_1，t_2——流体进、出口温度，℃；

ρ——定性温度下流体密度，kg/m^3；

V_s——流体体积流量，m^3/h。

空气的体积流量由孔板流量计测得，其流量 V_s 与孔板流量计压降 Δp 的关系为：

$$V_s=26.2\Delta p^{0.54} \qquad (4-23)$$

式中　Δp——孔板流量计压降，kPa；

V_s——空气流量，m^3/h。

三、装置和流程

1. 设备说明

本实验空气走内管，蒸汽走环隙（玻璃管）。内管为黄铜管，其内径为 0.02m，有效长度为 1.25m。空气进、出口温度和管壁温度分别由铂电阻（Pt100）和热电偶测得。测量空气进、出口温度的铂电阻应置于进、出管的中心。测量管壁温度用两支分别固定在管外壁两端的热电偶测得。孔板流量计的压差由压差传感器测得。

实验使用的蒸汽发生器由不锈钢材料制成，装有玻璃液位计，加热器功率为 1.5kW，它还装有超温安全控制系统。风机采用 XGB 型旋涡气泵，最大压力 17.50kPa，最大流量 100 m^3/h。

2. 采集系统说明

（1）压力传感器

本实验装置采用 ASCOM5320 型压力传感器，其测量范围为 0～20kPa。

（2）显示仪表

在实验中所有温度和压差等参数均可由人工智能仪表直接读取，并实现数据的在线采集与控制，测量点分别为：孔板压降、进口温度、出口温度和两个壁温。

3. 流程说明

本装置流程如图 4-10 所示，冷空气由风机输送，经孔板流量计计量后，进入换热器内管（铜管），并与套管环隙中水蒸气换热。空气被加热后，排入大气。空气的流量由空气流量调节阀 3 调节。蒸汽由蒸汽发生器上升进入套管环隙，与内管中冷空气换热后冷凝，再由回流管返回蒸汽发生器。放气阀门用于排放不凝性气体。在铜管之前设有一定长度的稳定段，用于消除端效应。铜管两端用塑料管与管路相连，是为了消除热效应。

四、操作要点

① 实验开始前，先弄清配电箱上各按钮与设备的对应关系，以便正确开启按钮。

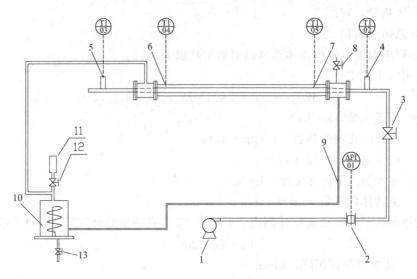

图 4-10　传热实验带控制点的工艺流程

1—风机；2—孔板流量计；3—空气流量调节阀；4—空气入口测温点；5—空气出口测温点；

6—水蒸气入口壁温；7—水蒸气出口壁温；8—不凝性气体放空阀；9—冷凝水回流管；

10—蒸汽发生器；11—补水漏斗；12—补水阀；13—排水阀

② 检查蒸汽发生器中水位，使其保持在水罐高度的 1/2～2/3。

③ 打开总电源开关（红色按钮熄灭，绿色按钮亮，以下同）。

④ 实验开始时，关闭蒸汽发生器补水阀，启动风机，并接通蒸汽发生器的加热电源，打开放气阀。

⑤ 将空气流量控制在某一值。待仪表数值稳定后，记录数据，改变空气流量（8～10次），重复实验，记录数据。

⑥ 实验结束后，先停蒸汽发生器电源，再停风机，清理现场。

注意：

a. 实验前，务必使蒸汽发生器液位合适，液位过高，则水会溢入蒸汽套管；过低，则可能烧毁加热器。

b. 调节空气流量时，要做到心中有数，为保证湍流状态，孔板压差读数不应从 0 开始，最低不应小于 0.1kPa。实验中要合理取点，以保证数据点均匀。

c. 切记每改变一个流量后，应等到读数稳定后再测取数据。

五、报告要求

① 在双对数坐标系中绘出 $Nu/Pr^{0.4}\sim Re$ 的关系线。

② 整理出流体在圆管内做强制湍流流动的传热膜系数半经验关联式。

③ 将实验得到的半经验关联式和公认的关联式进行比较。

六、讨论题

① 本实验中管壁温度应接近蒸汽温度还是空气温度？为什么？

② 管内空气流动速度对传热膜系数有何影响？当空气速度增大时，空气离开热交换器时的温度将升高还是降低？为什么？

③ 如果采用不同压强的蒸汽进行实验，对 α 的关联有无影响？

④ 试估算空气一侧的热阻占总热阻的百分比。

⑤ 以空气为介质的传热实验中雷诺数 Re 应如何计算？

⑥ 本实验可采取哪些措施强化传热？

⑦ 若欲实现计算机在线测控，应如何选用传感器及仪表？

开发与设计

① 传热膜系数 α 实验装置的工作介质以空气-水蒸气为好，主要是因为水蒸气端的冷凝膜系数远大于空气端的传热膜系数（大约 100 倍），因此管壁温度很接近蒸汽温度，这对测量壁温元件的精度要求（包括焊接工艺）不很高。若采用水-水体系，则对测量壁温度元件的精度要求（包括焊接工艺）就要很高。

② 实验装置采用小型电加热器发生蒸汽，并用电加热器控制壁面温度和蒸汽压力（1kPa 左右），不但操作稳定，又经济、安全可靠。

③ 用变频器调节空气流量是比较好的方法，它操作平稳、简单，又节能、降噪。

实验五 精馏实验

一、实验目的及任务

① 熟悉精馏的工艺流程，掌握精馏实验的操作方法。

② 了解板式塔的结构，观察塔板上气-液接触状况。

③ 测定全回流时的全塔效率及单板效率。

④ 测定部分回流时的全塔效率。

⑤ 测定全塔的浓度（或温度）分布。

⑥ 测定塔釜再沸器的沸腾给热系数。

二、基本原理

在板式精馏塔中，由塔釜产生的蒸汽沿塔逐板上升与来自塔顶逐板下降的回流液，在塔板上实现多次接触，进行传热与传质，使混合液达到一定程度的分离。

回流是精馏操作得以实现的基础。塔顶的回流量与采出量之比，称为回流比。回流比是精馏操作的重要参数之一，它的大小影响着精馏操作的分离效果和能耗。

回流比存在着两种极限情况：最小回流比和全回流。若塔在最小回流比下操作，要完成分离任务，则需要有无穷多块塔板的精馏塔。当然，这不符合工业实际，所以最小回流比只是一个操作限度。若操作处于全回流时，既无任何产品采出，也无原料加入，塔顶的冷凝液全部返回塔中，这在生产中也无意义。但是，由于此时所需理论板数最少，又易于达到稳定，故常在工业装置的开停车、排除故障及科学研究时采用。

实际回流比常取最小回流比的 1.2～2.0 倍。在精馏操作中，若回流系统出现故障，操作情况会急剧恶化，分离效果也将会变坏。

板效率是体现塔板性能及操作状况的主要参数，它有两种定义方法。

（1）总板效率 E

$$E=\frac{N}{N_e} \tag{4-24}$$

式中　E——总板效率；

　　　N——理论板数（不包括塔釜）；

　　　N_e——实际板数。

（2）单板效率 E_{ml}

$$E_{ml}=\frac{x_{n-1}-x_n}{x_{n-1}-x_n^*} \tag{4-25}$$

式中　E_{ml}——以液相浓度表示的单板效率；

　x_n，x_{n-1}——第 n 块板和第 $n-1$ 块板液相浓度；

　　　x_n^*——与第 n 块板气相浓度相平衡的液相浓度。

总板效率与单板效率的数值通常均由实验测定。单板效率是评价塔板性能优劣的重要数据。物系性质、板型及操作负荷是影响单板效率的重要因素。当物系与板型确定后，可以通过改变气液负荷来达到最高的板效率；对于不同的板型，可以在保持相同的物系及操作条件下，测定其单板效率，以评价其性能的优劣。总板效率反映的全塔各塔板的平均分离效果，常用于板式塔设计中。

若改变塔釜再沸器中电加热器的电压，塔内上升蒸气量将会改变，同时，塔釜再沸器电热器表面的温度将发生变化，其沸腾给热系数也将发生变化，从而可以得到沸腾给热系数与加热量的关系。由牛顿冷却定律，可知：

$$Q=\alpha A\Delta t_m \tag{4-26}$$

式中　Q——加热量，kW；

　　　α——沸腾给热系数，$kW/(m^2 \cdot K)$；

　　　A——传热面积，m^2；

　　Δt_m——加热器表面与温度主体温度之差，℃。

若加热器的壁面温度为 t_S，塔釜内液体的主体温度为 t_W，则上式可改写为：

$$Q=\alpha A(t_S-t_W) \tag{4-27}$$

由于塔釜再沸器为直接电加热，则其加热量为：

$$Q=\frac{U^2}{R} \tag{4-28}$$

式中　U——电加热器的加热电压，V；

　　　R——电热器的电阻，Ω。

三、装置及流程

本实验的流程如图 4-11 所示，它主要由精馏塔、回流分配装置及测控系统组成。

1. 精馏塔

精馏塔为筛板塔，全塔共有八块塔板，塔身的结构尺寸为：塔径 $\phi(57\times3.5)$mm，塔板间距 80mm；溢流管截面积 $78.5mm^2$，溢流堰高 12mm，底隙高度为 6mm；每块塔板开有 43 个直径为 1.5mm 的小孔，正三角形排列，孔间距为 6mm。为了便于观察塔板上的气液接触情况，塔身设有一节玻璃视盅，另在第 1~6 块塔板上均有液相取样口。

蒸馏釜尺寸为 $\phi(108\times4)$mm×400mm。塔釜装有液位计、电加热器（1.5kW）、控温电

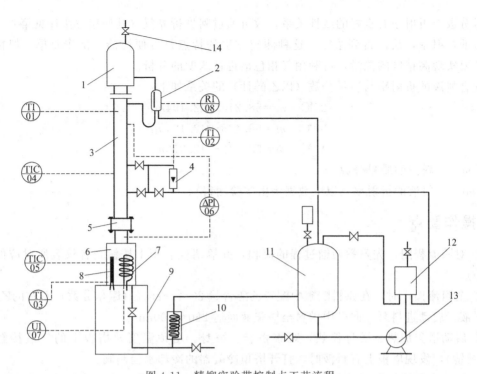

图 4-11　精馏实验带控制点工艺流程

1—塔顶冷凝器；2—回流比分配器；3—塔身；4—转子流量计；5—视盅；6—塔釜；

7—塔釜加热器；8—控温加热器；9—支座；10—冷却器；11—原料液罐；

12—缓冲罐；13—进料泵；14—塔顶放气阀

加热器（200W）、温度计接口、测压口和取样口，分别用于观测釜内液面高度，加热料液，控制电加热量，测量塔釜温度，测量塔顶与塔釜的压差和塔釜液取样。由于本实验中所取试样为塔釜液相物料，故塔釜可视为一块理论板。塔顶冷凝器为一蛇管式换热器，换热面积为 $0.06m^2$，管外走蒸汽，管内走冷却水。

2. 回流分配装置

回流分配装置由回流分配器与控制器组成。控制器由控制仪表和电磁线圈构成。其中回流分配器由玻璃制成，它由一个入口管，两个出口管及引流棒组成。两个出口管分别用于回流和采出。引流棒为一根 $\phi4mm$ 的玻璃棒，内部装有铁芯，塔顶冷凝器中的冷凝液顺着引流棒流下，在控制器的控制下实现塔顶冷凝器的回流或采出操作。即当控制器电路接通后，电磁线圈将引流棒吸起，操作处于采出状态；当控制器电路断路时，电磁线圈不工作，引流棒自然下垂，操作处于回流状态。此回流分配器既可通过控制器实现手动控制，也可以通过计算机实现自动控制。

3. 测控系统

在本实验中，利用人工智能仪表分别测定塔顶温度、塔釜温度、塔身伴热温度、塔釜加热温度、全塔压降、加热电压、进料温度及回流比等参数，该系统的引入，不仅使实验更为简便、快捷，又可实现计算机在线数据采集与控制。

4. 物料浓度分析

本实验所选用的体系为乙醇-正丙醇，由于这两种物质的折射率存在差异，且其混合物的质量分数与折射率有良好的线性关系，故可通过阿贝折光仪（其使用方法详见第六章）分析料液的折射率，从而得到浓度。这种测定方法的特点是方便快捷、操作简单，但精度稍低；若要实现高精度的测量，可利用气相色谱进行浓度的分析。

混合料液的折射率与质量分数（以乙醇计）的关系如下：

$$25℃ \quad m = 58.214 - 42.194 n_D$$
$$30℃ \quad m = 58.405 - 42.194 n_D$$
$$40℃ \quad m = 58.542 - 42.373 n_D$$

式中　m——料液的质量分数；

　　　n_D——料液的折射率（以上数据为由实验测得）。

四、操作要点

① 对照流程图，先熟悉精馏过程的流程，并搞清仪表柜上按钮与各仪表所对应的设备与测控点。

② 全回流操作时，在原料贮罐中配置乙醇含量 20%～25%（摩尔分数）左右的乙醇-正丙醇料液，启动进料泵，向塔中供料至塔釜液面达 250～300mm。

③ 启动塔釜加热、塔身伴热，观察塔釜、塔身、塔顶温度及塔板上的气液接触状况（观察视镜），发现塔板上有料液时，打开塔顶冷凝器的冷却水控制阀。

④ 测定全回流情况下的单板效率及全塔效率，在一定回流量下，全回流一段时间，待该塔操作参数稳定后，即可在塔顶、塔釜及相邻两块塔板上取样，用阿贝折光仪进行分析，测取数据（重复 2～3 次），并记录各操作参数。

⑤ 测定塔釜再沸器的沸腾给热系数，调节塔釜加热器的加热电压，待稳定后，记录塔釜温度及加热器壁温，然后改变加热电压，测取 8～10 组数据。

⑥ 待全回流操作稳定后，根据进料板上的浓度，调整进料液的浓度，开启进料泵，设定进料量及回流比，测定部分回流条件下的全塔效率，建议进料量维持在 30～50mL/min，回流比为 3～5，塔釜液面维持恒定（调整釜液排出量）。切记在排釜液前，一定要打开釜液冷却器的冷却水控制阀。待塔操作稳定后，在塔顶、塔釜取样，分析测取数据。

⑦ 实验完毕后，停止加料，关闭塔釜加热及塔身伴热，待一段时间后（视镜内无料液时），切断塔顶冷凝器及釜液冷却器的供水，切断电源，清理现场。

五、报告要求

① 在直角坐标纸上绘制 x-y 图，用图解法求出理论板数。

② 求出全塔效率和单板效率。

③ 绘制沸腾给热系数与加热量的关系曲线。

④ 结合精馏操作对实验结果进行分析。

六、思考题

① 什么是全回流？全回流操作有哪些特点，在生产中有什么实际意义？如何测定全回流条件下塔的气液负荷？

② 塔釜加热对精馏的操作参数有什么影响？你认为塔釜加热量主要消耗在何处？与回流量有无关系？

③ 如何判断塔的操作已达到稳定？

④ 什么叫"灵敏板"？塔板上的温度（或浓度）受哪些因素影响？试从相平衡和操作因素两方面分别予以讨论。

⑤ 当回流比 $R < R_{min}$ 时，精馏塔是否还能进行操作？如何确定精馏塔的操作回流比？

⑥ 冷料进料对精馏塔操作有什么影响？进料口位置如何确定？

⑦ 塔板效率受哪些因素影响？

⑧ 精馏塔的常压操作如何实现的？如果要改为加压或减压操作，又如何实现？

⑨ 为什么要控制塔釜液面？它与物料、热量和相平衡有什么关系？

⑩ 若欲实现计算机在线测控，应如何选用传感器及仪表？

开发与设计

小型精馏塔的工艺设计可部分参考大型精馏塔设计，但也有其自己特点，例如：

① 小型精馏塔主要是用在于新产品的开发，探索其工艺条件，故塔径不宜过大，一般在 50～100mm 为宜，否则用料和能耗过大，塔径 50mm 的板式精馏塔其处理量约为 2L/h，填料塔的处理量比板式塔大一倍左右；

② 小型精馏塔塔釜加热采用电加热较为经济，且易控制，若再使用辅助加热器控制其加热壁面温度，控制精度可进一步提高，如物料易爆炸，则用水或导热油加热为好；

③ 小型精馏塔塔体内，一般有多块塔板（一般塔节高为塔径的 1.5 倍左右），如各塔节采用法兰连接，则会造成耗材且加工麻烦，如塔体保温或伴热再不好，则会使塔内产生内回流，影响操作及数据，故采用整体焊接为好，以 4～5 节成一段为佳；

④ 如要观察塔板上的操作工况，采用玻璃视盅较佳，但操作压力不宜超过 0.3MPa（要做 1.4 倍以上的打压实验），操作温度不宜超过 130℃，且玻璃视盅外应加有机玻璃罩；

⑤ 设计冷凝器置于塔顶，并采用回流比控制器，是既经济又利于操作和控制的方案。

实验六　氧解吸实验

一、实验目的及任务

① 熟悉填料塔的构造与吸收-解吸过程的操作方法。

② 观察填料塔内流体流动状况，测定塔压降与空塔气速的关系曲线。

③ 掌握液相体积总传质系数 $K_x a$ 的测定方法并分析其影响因素。

④ 学习气液连续接触式填料塔，利用传质速率方程处理传质问题的方法。

二、基本原理

本装置先用水作吸收剂，纯氧气作吸收质，二者并流通过吸收柱形成富氧水，再将其送入解吸塔，用空气逆流解吸形成贫氧水。实验需测定不同液量和气量下的解吸总体积传质系数 $K_x a$，并进行关联，得到 $K_x a = A L^a V^b$ 的关联式，同时对四种不同填料的传质效果及流体力学性能进行比较。本实验引入了计算机在线数据采集技术，加快了数据记录与处理的速度。

1. 填料塔流体力学特性

气体通过干填料层时，流体流动引起的压降和湍流流动引起的压降规律相一致。如图 4-12 所示，在双对数坐标系中，此压降对气速作图可得一斜率为 1.8～2 的直线（图中 aa' 线）。当有喷淋量时，在低气速下（c 点以前）压降也正比于气速的 1.8～2 次幂，但大于相同气速下干填料的压降（图中 bc 段）。随气速的增加，出现载点（图中 c 点），持液量开始增大，压降-气速线向上弯，斜率变陡（图中 cd 段）。到液泛点（图中 d 点）后，在几乎不变的气速下，压降急剧上升。

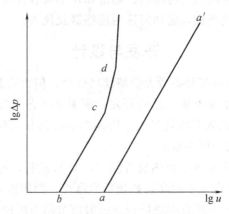

图 4-12　填料层压降-空塔气速关系

本实验使用转子流量计测量空气体积流量，直接读数得到的是测量值 V_1，通过温度、压力计算修正后，得到转子流量计在测量条件下的真实流量值 V_2。

$$V_2 = V_1 \sqrt{\frac{p_1 T_2}{p_2 T_1}} \tag{4-29}$$

式中　V_1——空气体积流量测量值，转子最大截面对应的刻度值，$\mathrm{m^3/h}$；

T_1、p_1——标定状态下空气的温度（293K）和压强（101.3kPa）；

T_2、p_2——使用状态下的空气温度和压强，K 和 kPa。

空塔气速：

$$u = \frac{4V_2}{3600\pi d^2} \tag{4-30}$$

式中　d——填料塔内径，0.1m。

2. 传质实验

填料塔与板式塔气液两相接触情况不同。在填料塔中，两相传质主要是在填料有效湿表面上进行，需要计算完成一定分离任务所需填料高度，其计算方法有：传质系数法、传质单元法和等板高度法。

本实验是用空气对富氧水进行解吸，如图 4-13 所示。由于富氧水中氧浓度很低，可认为氧气在气、液两相中的平衡关系符合亨利定律，所以平衡线为直线。气、液相摩尔流率和水温变化很小，故操作线也是直线。在 y-x 组成图中，操作线在平衡线下方，是一条近乎平行于横轴的直线。对于难溶溶质的解吸属液膜控制过程，液相对数平均浓度差（推动力）和液相体积传质系数所表示的传质速率方程则为：

$$G_A = K_x a V_p \Delta x_m \tag{4-31}$$

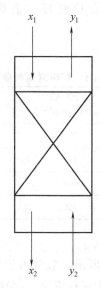

图 4-13　富氧水解吸实验

其中

$$\Delta x_{\mathrm{m}} = \frac{(x_1 - x_{\mathrm{e}1}) - (x_2 - x_{\mathrm{e}2})}{\ln \dfrac{x_1 - x_{\mathrm{e}1}}{x_2 - x_{\mathrm{e}2}}}$$

$$G_{\mathrm{A}} = L(x_1 - x_2) \quad V_{\mathrm{p}} = Z\Omega$$

则：

$$K_x a = L(x_1 - x_2)/(Z\Omega\Delta x_{\mathrm{m}}) \tag{4-32}$$

式中　G_{A}——单位时间内氧的解吸量，$\mathrm{kmol/(m^2 \cdot h)}$；

$K_x a$——液相体积总传质系数，$\mathrm{kmol/(m^3 \cdot h \cdot \Delta x)}$；

V_{p}——填料层体积，$\mathrm{m^3}$；

Δx_{m}——液相对数平均浓度差；

x_1——进塔液相氧的摩尔分数（塔顶）；

$x_{\mathrm{e}1}$——与出塔气相 y_1 平衡的液相摩尔分数（塔顶）；

x_2——出塔液相氧的摩尔分数（塔底）；

$x_{\mathrm{e}2}$——与进塔气相 y_2 平衡的液相摩尔分数（塔底）；

Z——填料层高度，m；

Ω——塔截面积，$\mathrm{m^2}$；

L——解吸液流量，$\mathrm{kmol/(m^2 \cdot h)}$。

相关的填料层高度的基本计算式为：

$$Z = H_{\mathrm{OL}} N_{\mathrm{OL}} = \frac{L}{K_x a\Omega} \int_{x_2}^{x_1} \frac{\mathrm{d}x}{x_{\mathrm{e}} - x} = \frac{L}{K_x a\Omega} \times \frac{x_1 - x_2}{\Delta x_{\mathrm{m}}} \tag{4-33}$$

式中　H_{OL}——以液相浓度差为推动力的传质单元高度，m；

N_{OL}——以液相浓度差为推动力的传质单元数。

三、装置说明与实验流程

1. 基本数据

吸收柱内径 $d' = 0.032\mathrm{m}$，填料高 $0.5\mathrm{m}$，装 6mm 金属 θ 环填料。解吸塔内径 $d =$

0.10m，填料高 0.75m，分别装陶瓷拉西环、金属 θ 环、星形填料、金属波纹丝网填料。

解吸塔填料参数如表 4-1 所示。

表 4-1 解吸塔填料参数

参数 填料	尺寸/mm （径×高×厚）	比表面积 $a_B/(m^2/m^3)$	空隙率 $\varepsilon_B/(m^3/m^3)$	干填料因子 $/(m^2/m^3)$
瓷拉西环	$\varphi12\times12\times2$	391	0.655	1391
金属 θ 环	$\varphi10\times10\times0.3$	469	0.905	633
星形填料	$\varphi14\times9\times0.5$	664	0.864	1030
波纹丝网	CY 型 $\varphi95\times100$	700	0.97	767

2. 实验流程

氧气吸收解吸实验流程如图 4-14 所示。氧气由氧气钢瓶 1 供给，经减压阀 2 进入氧气缓冲罐 3，稳压在 0.04～0.05MPa，为确保安全，缓冲罐上装有安全阀，当缓冲罐内压力达到 0.15MPa 时，安全阀自动开启。氧气流量调节阀调节氧气流量，并经氧转子流量计 4 计量，进入吸收塔中。自来水经水转子流量计 9 调节流量，由转子流量计计量后进入吸收塔19。在吸收塔内氧气与水并流接触，形成富氧水，富氧水经管道在解吸塔 21 的顶部喷淋。

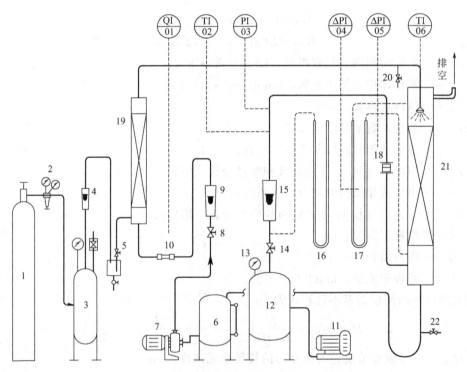

图 4-14 氧气吸收解吸实验带控制点工艺流程

1—氧气钢瓶；2—氧气减压阀；3—氧气缓冲罐；4—氧转子流量计；5—防水倒灌阀；6—循环水罐；

7—水泵；8—水流量调节阀；9—水转子流量计；10—涡轮流量计；11—风机；12—空气缓冲罐；

13—空气温度表；14—空气流量调节阀；15—空气转子流量计；16—空气压力压差计；

17—全塔压降压差计；18—孔板流量计；19—吸收塔；20—富氧水取样阀；

21—解吸塔；22—贫氧水取样阀

空气由风机 11 供给，经缓冲罐 12，由空气流量调节阀 14 调节流量经空气转子流量计计量，通入解吸塔底部，在塔内与塔顶喷淋的富氧水进行接触，解吸富氧水，解吸后的尾气从塔顶排出，贫氧水从塔底排入循环水罐 6。

由于气体流量与气体状态有关，所以每个气体流量计前均有表压计和温度计。空气流量计前装有计前表压计。为了测量填料层压降，解吸塔装有压差计。

在解吸塔入口设有入口富氧水取样阀 20，用于采集入口水样，出口水样通过塔底排液平衡罐上贫氧水取样阀 22 取样。

两水样液相氧浓度由 YSI-550A 型测氧仪测得（YSI-550A 型测氧仪的使用见第六章）。

四、操作要点

1. 流体力学性能测定

（1）测定干填料压降

① 塔内填料务必事先吹干。

② 改变空气流量，测定填料塔压降，测取 6~8 组数据。

（2）测定湿填料压降

① 测定前要进行预液泛，使填料表面充分润湿。

② 固定水在某一喷淋量下，改变空气流量，测定填料塔压降，测取 8~10 组数据。

③ 实验接近液泛时，进塔气体的增加量不要过大，否则图 4-12 中泛点不容易找到。密切观察填料表面气液接触状况，并注意填料层压降变化幅度，务必让各参数稳定后再读数据，液泛后填料层压降在几乎不变气速下明显上升，务必要掌握这个特点。稍稍增加气量，再取一两个点即可。注意不要使气速过分超过泛点，避免冲破和冲跑填料。

（3）注意空气流量的调节阀要缓慢开启和关闭，以免撞破玻璃管。

2. 传质实验

① 氧气减压后进入缓冲罐，罐内压力保持 0.04~0.05MPa，不要过高，并注意减压阀使用方法。为防止水倒灌进入氧气转子流量计中，开水前要关闭防倒灌阀，或先通入氧气后通水。

② 传质实验操作条件选取：水喷淋密度取 10~15m³/(m² · h)，空塔气速 0.5~0.8m/s，氧气入塔流量为 0.2~0.5L/min，适当调节氧气流量，使吸收后的富氧水浓度控制在 20.00mg/L 以上。

③ 塔顶和塔底液相氧浓度测定：分别从塔顶与塔底取出富氧水和贫氧水，用 YSI-550A 型测氧仪分析其氧含量。

④ 实验完毕，关闭氧气时，务必先关氧气钢瓶总阀，然后才能关闭减压阀 2 及调节阀 8。检查总电源、总水阀及各管路阀门，确实安全后方可离开。

五、报告要求

① 计算并确定干填料及一定喷淋量下的湿填料在不同空塔气速 u 下，与其相应单位填料高度压降 $\Delta p/Z$ 的关系曲线，并在双对数坐标系中作图，找出泛点与载点。

② 计算实验条件下（一定喷淋量、一定空塔气速）的液相总体积传质系数 K_xa 值及液相总传质单元高度 H_{OL} 值。

六、讨论题

① 阐述干填料压降线和湿填料压降线的特征。

② 比较液泛时单位填料高度压降和 Eckert 关系图中液泛压降值是否相符，一般乱堆填料液泛时单位填料高度压降为多少？

③ 试计算实验条件下填料塔实际气液比 V/L 是最小气液比 $(V/L)_{min}$ 的多少倍？

④ 工业上，吸收是在低温、加压下进行，而解吸是在高温、常压下进行，为什么？

⑤ 为什么易溶气体的吸收和解吸属于气膜控制过程，难溶气体的吸收和解吸属于液膜控制过程？

⑥ 填料塔结构有什么特点？

⑦ 若要实现计算机在线采集和控制，应如何选用测试传感器及仪表？

附　件

1. 亨利定律及亨利系数的求取

$$p_{O_2} = Ex_e \quad \text{或} \quad x_e = p_{O_2}/E$$

$$E = (-8.5694 \times 10^{-5} t^2 + 0.07714t + 2.56) \times 10^6$$

式中　p_{O_2}——氧气分压，解吸时取 21kPa；

　　　E——亨利系数，kPa；

　　　t——溶液温度，℃。

2. 常压下氧在水中的饱和浓度

温度/℃	浓度/(mg/L)	温度/℃	浓度/(mg/L)	温度/℃	浓度/(mg/L)
0.00	14.6400	12.00	10.9305	24.00	8.6583
1.00	14.2453	13.00	10.7027	25.00	8.5109
2.00	13.8687	14.00	10.4838	26.00	8.3693
3.00	13.5094	15.00	10.2713	27.00	8.2335
4.00	13.1668	16.00	10.0699	28.00	8.1034
5.00	12.8399	17.00	9.8733	29.00	7.9790
6.00	12.5280	18.00	9.6827	30.00	7.8602
7.00	12.2305	19.00	9.4917	31.00	7.7470
8.00	11.9465	20.00	9.3160	32.00	7.6394
9.00	11.6752	21.00	9.1357	33.00	7.5373
10.00	11.4160	22.00	8.9707	34.00	7.4406
11.00	11.1680	23.00	8.8116	35.00	7.3495

开发与设计

① 采用富氧水-空气体系，用空气进行氧解吸，以测定传质系数的方法，是一种安全、环保、可行的方法。

② 氧解吸测定传质系数可采用填料塔，也可用板式塔。一般塔径约 100mm。填料塔以

波板（丝纹）填料的处理量为最大，其次是丝网 Θ 环、Θ 环、鲍尔环、拉西环等。

③ 填料塔的处理量比板式塔大 $50\%\sim80\%$，填料塔的压降也小于板式塔。

④ 用变频器来调节空气流量是比较好的方法，它操作既简单又节能降噪。

实验七 流化床干燥实验

一、实验目的

① 了解流化床干燥器的结构及操作方法。

② 测定物料的流化曲线，即床层压降与气速的关系曲线。

③ 测定湿物料的干燥曲线，即含水量与床层温度随时间的变化关系曲线。

④ 掌握湿物料干燥速率曲线的测定方法。

二、基本原理

1. 流化曲线

气体通过流化床时，对床层作受力分析，可知流化状态下的床层压降为：

$$\Delta p = \frac{mg(\rho_p - \rho)}{A\rho_p} \tag{4-34}$$

式中 A——空床截面积，m^2；

m——床层物料的总质量，kg；

ρ_p、ρ——物料与流体的密度，kg/m^3。

在实验中，可以通过测量不同空气流量下的床层压降，得到压降与气速的关系曲线（见图 4-15）。

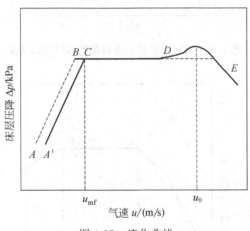

图 4-15 流化曲线

当气速较小时，操作过程处于固定床阶段（AB 段），床层基本静止不动，气体只能从床层空隙中流过，压降与流速成正比，斜率约为 1（在双对数坐标系中）。当气速逐渐增加（进入 BC 段），床层开始膨胀，空隙率增大，压降与气速的关系将不再成比例。

当气速继续增大，进入流化阶段（CD 段），固体颗粒随气体流动而悬浮运动，随着气速的增加，床层的高度逐渐增加，但床层压降基本保持不变，等于单位面积的床层净重。当气速增大至某一值（D 点）后，床层压降将减小，颗粒逐渐被气体带走，此时，便进入了气流输送阶段。D 点处的流速即被称为带出速度（u_0）。

在流化状态下降低气速，压降与气速的关系线将沿图中的 DC 线返回至 C 点。若气速继续降低，曲线将无法按 CBA 继续变化，而是沿 CA′ 变化。C 点处的流速即被称为起始流化速度（u_{mf}）。

在生产操作中，气速应介于起始流化速度与带出速度之间，此时床层压降保持恒定，这是流化床的重要特点。据此，可以通过测定床层压降来判断床层流化的优劣。

2. 干燥特性曲线

将湿物料置于一定的干燥条件下，测定被干燥物料的质量和温度随时间的变化关系，可得到物料含水量（X）与时间（τ）的关系曲线及物料温度（θ）与时间（τ）的关系曲线（见图 4-16 所示）。物料含水量与时间关系线各点的斜率即为干燥速率（u）。将干燥速率对物料含水量作图，即为干燥速率曲线（一般情况如图 4-17 所示）。由图可知干燥过程可分三个阶段。

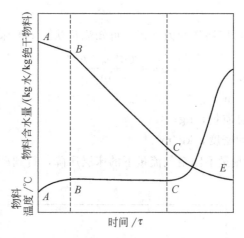

图 4-16　物料含水量、物料温度与时间的关系

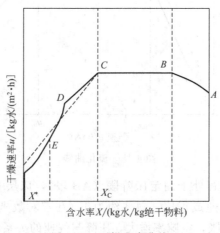

图 4-17　干燥速率曲线

（1）物料预热阶段（AB 段）　在开始干燥时，有一较短的预热阶段，空气中部分热量用

来加热物料，物料含水量随时间变化不大。

（2）恒速干燥阶段（*BC* 段）由于物料表面存在有自由水分，物料表面温度等于空气的湿球温度，传入的热量只用来蒸发物料表面的水分，物料含水量随时间成比例减少，干燥速率恒定且最大。

（3）降速干燥阶段（*CDE* 段）物料中含水量减少到某一临界含水量（X_0），由于物料内部水分的扩散慢于物料表面的蒸发，不足以维持物料表面保持湿润，而形成干区，干燥速率开始降低，物料温度逐渐上升。物料含水量越小，干燥速率越慢，直至达到平衡含水量（X^*）而终止。

干燥速率 u 为单位时间、单位面积（气固接触面）上汽化的水分量，即

$$u = \frac{\mathrm{d}W}{A\,\mathrm{d}\tau} \approx \frac{\Delta X}{A/G_C \cdot \Delta\tau} \tag{4-35}$$

式中　$\mathrm{d}W$——汽化的水分量，kg；

　　　A——干燥表面积，m^2；

　$\mathrm{d}\tau$，$\Delta\tau$——相应的干燥时间，s；

　　　ΔX——物料含水量的差值，kg 水/kg 绝干物料；

　A/G_C——绝干物料的比表面积，小麦取 $1.5\,m^2/kg$。

图 4-17 中的横坐标 X 为对应于某干燥速率下的物料的平均含水量。

$$\overline{X} = \frac{X_i + X_{i+1}}{2} \tag{4-36}$$

式中　$\overline{X}$——某一干燥速率下湿物料的平均含水量；

X_i、X_{i+1}——分别为 $\Delta\tau$ 时间间隔内开始和终了时的含水量，kg 水/kg 绝干物料。

$$X_i = \frac{G_{si} - G_{ci}}{G_{ci}} \tag{4-37}$$

式中　G_{si}——第 i 时刻取出的湿物料的质量，kg；

　　　G_{ci}——第 i 时刻取出的物料的绝干质量，kg。

物料含水量的差值 ΔX 及时间的差值 $\Delta\tau$ 可以通过取样称量干、湿物料和读秒表直接获取；也可以在作出的 X-τ 平滑曲线上选值间接求取。间接法可以减小误差，能较好反应物料干燥快慢的规律。

干燥速率曲线通常由实验测定，因为干燥速率不仅取决于空气的性质和操作条件，而且还受物料性质结构及含水量的影响。本实验装置为间歇操作的流化床干燥器，还可测定欲达到一定干燥要求所需的时间，为工业上连续操作的流化床干燥器提供相应的设计参数。

三、装置及流程

流化干燥实验带控制点工艺流程如图 4-18 所示。

本装置的所有设备，除床身筒体一部分采用高温硬质玻璃外，其余均采用不锈钢制造。

床身筒体部分由不锈钢段（内径 $\phi100mm$，高 100mm）和高温硬质玻璃段（内径 $\phi100mm$，高 400mm）组成，顶部有气固分离段（内径 $\phi150mm$，高 250mm）。不锈钢筒体上设有物料取样器、放净口、温度计接口等，分别用于取样、放净和测温。床身顶部气固分离段设有加料口、测压口，分别用于物料加料和测压。

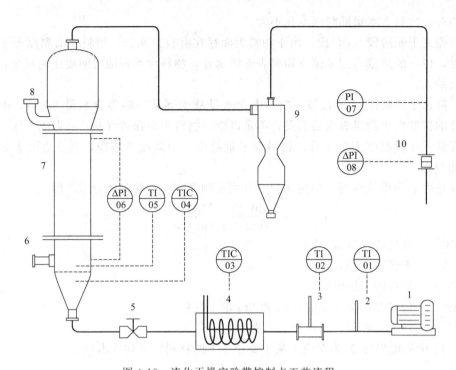

图 4-18 流化干燥实验带控制点工艺流程

1—风机；2—干球温度计；3—湿球温度计；4—预热器；5—空气流量调节阀；6—取样口；

7—流化床干燥器；8—加料口；9—旋风分离器；10—孔板流量计（$d_0 = 20\text{mm}$）

空气加热装置由加热器和控制器组成，加热器为不锈钢盘管式加热器，加热管外壁设有 1mm 铠装热电偶，它与人工智能仪表、固态继电器等，实现空气介质的温度控制。

空气加热装置底部设有测量空气干球温度和湿球温度的接口，以测定空气的干、湿球温度。

本装置空气流量采用孔板流量计计量，其计算公式为：

$$V = 26.2 \Delta p^{0.54} \tag{4-38}$$

式中 Δp——孔板压降，kPa；

   V——空气流量，m^3/h。

本装置加入旋风分离器，可除去干燥物料的粉尘。实验引入了计算机在线数据采集和控制技术，加快了数据记录和处理速度。

四、操作要点

1. 流化曲线测定实验

① 加入固体物料约 500g 至玻璃段底部。

② 调节空气流量，测定不同空气流量下的床层压降。

2. 干燥实验

（1）实验开始前

① 将电子天平开启，并处于待用状态。

② 将烘箱开启，调至 120℃ 并处于待用状态。

③ 准备 400g 左右的被干燥物料（如小麦），放入 60～70℃ 的热水中，浸泡 2h 后取出，用毛巾吸干表面水分待用。

④ 向湿球温度计水筒中补水，但液面不得超过警示值。

（2）床身预热和加料

启动风机及加热器，将空气控制在某一流量下（孔板流量计的压差为一定值，3kPa 左右），控制空气温度（50～70℃）稳定。

气温稳定后，停加热和风机。打开进料口，将湿物料快速加入干燥器，然后关闭进料口。再次启动风机和加热器，调整空气流量不变。

（3）测定干燥速率曲线

① 取样：用取样管（推入或拉出）取样，每隔 2～3 分钟一次，取出的样品放入小器皿中，并记上编号和取样时间，待分析用。共做 8～10 组数据，做完后，关闭加热器和风机的电源。

② 记录数据，在每次取样的同时，要记录床层温度，空气干球、湿球温度，孔板压降和床层压降等。

3. 结果分析

将每次取出的样品，在电子天平上称量 5～10g，放入烘箱内烘干，烘箱温度设定为 120℃，1h 后取出，在电子天平上称取其质量，此质量即可视为样品的绝干物料质量。

4. 注意事项

① 取样时，取样管推拉要快，管槽口向下并用大口漏斗接料。

② 湿球温度计补水筒液面不得超过警示值。

③ 电子天平和烘箱等要按使用说明操作。

五、报告要求

① 在双对数坐标纸上绘出流化床的 $\Delta p \sim u$ 图。

② 绘出干燥曲线和干燥速率曲线图，并注明干燥操作条件。

六、讨论题

① 本实验所得的流化床压降与气速曲线有何特征？

② 在流化床操作中，可能出现腾涌和沟流两种不正常现象，如何利用床层压降对其进行判断？怎样避免它们的发生？

③ 为什么同一湿度的空气，温度较高有利于干燥操作的进行？

④ 本装置在加热器入口处装有干、湿球温度计，假设干燥过程为绝热增湿过程，如何求得干燥器内空气的平均湿度 H。

⑤ 若要实现计算机在线采集和控制，应如何选用测试传感器及仪表？

开发与设计

① 间歇流化床干燥器结构简单，易操作，消耗能量少，比较适合学生实验。

② 湿物料取样法测量干燥特性曲线是简单、可行的方案。

③ 可加强对干燥过程的热量衡算及热效率的分析，为生产应用提供参考。

④ 测定干燥过程系统的压降分布，对系统关键设备（如风机、干燥器等）的设计和选用有指导意义。

实验八　萃　取　实　验

一、实验目的及任务

① 了解转盘萃取塔的结构特点，掌握其操作方法。
② 测定不同流量、转速等操作条件下的萃取效率。

二、基本原理

萃取是利用原料液中各组分在两个液相中的溶解度不同而使原料液混合物得以分离的单元操作。实验过程中，将一定量萃取剂（水）与原料液（煤油和苯甲酸混合液）在转盘萃取塔内充分混合，溶质（苯甲酸）通过相界面由原料液向萃取剂中扩散，达到分离效果。对于转盘萃取塔，可采用传质单元数和传质单元高度对传质过程进行计算。

传质单元数表示过程分离难易的程度。对稀溶液，可近似用下式表示：

$$N_{OR} = \int_{x_2}^{x_1} \frac{dx}{x - x^*} \tag{4-39}$$

式中　　N_{OR}——萃余相为基准的总传质单元数；

x——萃余相的溶质的浓度，以摩尔分数表示；

x^*——与萃取浓度成平衡的萃余相溶质的浓度，以摩尔分数表示；

x_1，x_2——两相进塔和出塔的萃余相浓度。

传质单元高度表示设备传质性能的优劣，可由下式表示：

$$H_{OR} = \frac{H}{N_{OR}} \tag{4-40}$$

$$K_x a = \frac{L}{H_{OR} \Omega} \tag{4-41}$$

式中　　H_{OR}——以萃余相为基准的传质单元高度，m；

H——萃取塔的有效接触高度，m；

$K_x a$——萃余相为基准的总传质系数，$kg/(m^3 \cdot h \cdot \Delta x)$；

L——萃余相的质量流量，kg/h；

Ω——塔的截面积，m^2。

已知塔高度 H 和传质单元数 N_{OR} 可由上式取得 H_{OR} 的数值。H_{OR} 反映萃取设备传质性能的好坏，H_{OR} 越大，设备效率越低。影响萃取设备传质性能 H_{OR} 的因素很多，主要有设备结构因素，两相物质性因素，操作因素以及外加能量的形式和大小。

三、流程与操作

萃取实验流程如图 4-19 所示。

本实验以水为萃取剂，从煤油中萃取苯甲酸，所用萃取塔为转盘塔，塔径为 50mm，转盘直径为 34mm，转盘间距为 35mm，共 16 块转盘，转盘转速调节范围为 150～600r/min。油相为分散相，从塔底加入，水为连续相从塔顶加入，流至塔底经液位调节罐流出，水相和

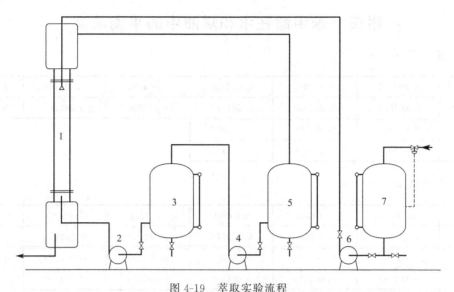

图 4-19 萃取实验流程

1—转盘萃取塔；2—油泵；3—原料罐；4—循环泵；5—萃余料罐；6—水泵；7—水罐

油相中的苯甲酸的浓度由滴定的方法确定。由于水与煤油不互溶，且苯甲酸在两相中的浓度都很低，可近似认为萃取过程中两相的体积流量保持恒定。

四、操作步骤

① 在水罐中注入适量的水，在油相原料罐中放入配好适宜浓度的苯甲酸-煤油混合液。

② 打开水转子流量计，将连续相水送入塔内，当塔内液面升至重相入口和轻相出口中点附近时，使其流量稳定，缓慢调节液面调节罐使液面保持稳定。

③ 开启转盘转动开关，并将其转速调至稳定的值。

④ 开启油泵，将油相以一稳定的流量送入塔内。注意并及时调整调节罐，使液面稳定保持于塔中部，以免两相界面在轻相出口之上，而导致水相混入油相贮槽。

⑤ 操作稳定后，收集水相出口、油相进口和出口样品，并滴定分析样品中苯甲酸的含量。滴定时，需加入数滴非离子表面活性剂的稀溶液。

⑥ 改变转盘转速、水相或油相的流量等操作参数，进行实验。

五、报告要求

① 计算萃取过程的传质单元高度和传质单元数。

② 考察不同流量、转速等操作条件下的萃取效率。

六、思考与讨论

① 液-液萃取设备和气液传质设备的主要区别有哪些？

② 转盘萃取塔与填料萃取塔的特点和操作有哪些不同？

③ 水相出口为何要采用 Π 形管，其高度如何确定？

④ 若实现计算机在线测控，应如何选用传感器和仪表？

附表 苯甲酸在水和煤油中的平衡浓度

（1）在 15℃ 时

x_R	0.001304	0.001369	0.001436	0.001502	0.001568	0.001634
y_E	0.001036	0.001059	0.001077	0.001090	0.001113	0.001131
x_R	0.001699	0.001766	0.001832			
y_E	0.001036	0.001159	0.001171			

（2）在 20℃ 时

x_R	0.01393	0.01252	0.01201	0.01275	0.01082	0.009721
y_E	0.00275	0.002685	0.002676	0.002579	0.002455	0.002359
x_R	0.008276	0.007220	0.006384	0.001897	0.005279	0.003994
y_E	0.002191	0.002055	0.001890	0.001179	0.001697	0.001539
x_R	0.003072	0.002048	0.001175			
y_E	0.001323	0.001059	0.000769			

（3）在 25℃ 时

x_R	0.012513	0.011607	0.010546	0.010318	0.007749	0.006520
y_E	0.002943	0.002851	0.002600	0.002747	0.002302	0.002126
x_R	0.005093	0.004577	0.003516	0.001961		
y_E	0.001816	0.001690	0.001407	0.001139		

注：x_R 为苯甲酸在煤油中的浓度，kg 苯甲酸/kg 煤油；y_E 为对应的苯甲酸在水中的平衡浓度，kg 苯甲酸/kg 水。

实验九 萃取精馏制取无水乙醇实验

一、目的及任务

① 了解萃取精馏过程的基本原理和操作方法。

② 考察操作条件时萃取精馏过程的影响，探讨适宜的操作条件。

二、基本原理

工业生产中，当被分离物系的相对挥发度接近于 1 或具有恒沸物时，很难用普通精馏方法达到分离要求，则可采用特殊精馏技术来分离，萃取精馏方法即是其中之一。萃取精馏是向较难分离的混合液中加入萃取剂，原料中的某组分可与萃取剂形成较强的吸引力，显著降低该组分的蒸气压，从而使原物系的相对挥发度增大，并使得各组分得以分离提纯的方法。萃取剂与原物系中的各组分相比，其沸点往往要高得多，可通过普通精馏的方法对其回收使用。

常压下，用普通精馏方法对乙醇-水混合液进行分离时，因其具有共沸物，只能得到乙醇含量为 89.4％（摩尔分数）的恒沸物，若要制取无水乙醇，可借助萃取精馏技术。

三、装置及流程

萃取精馏制取无水乙醇实验装置及流程如图 4-20 所示。

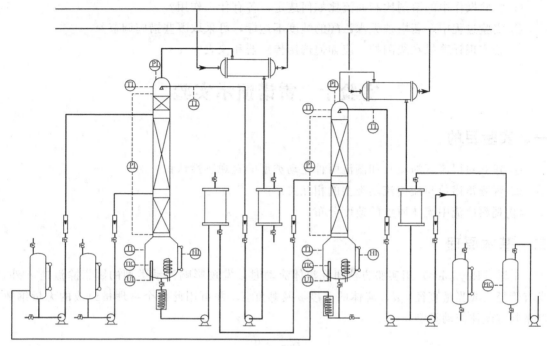

萃取剂贮罐　原料乙醇贮罐　萃取精馏塔　中间贮罐　冷凝器　中间罐　萃取剂回收塔　冷凝器　水中间罐　水回收罐　真空罐

图 4-20　萃取精馏制取无水乙醇实验装置及流程

图 4-20 为萃取精馏制取无水乙醇的流程，原料为乙醇-水的混合物，加入到萃取精馏塔的中下部，萃取剂为乙二醇，在萃取精馏塔接近于塔顶的位置加入，在萃取剂的作用下，原料得以用精馏的方法分离，在塔顶可得到无水乙醇产品，塔釜液主要组分是水和萃取剂，可将其送入萃取剂回收塔，对萃取剂进行回收使用。因乙二醇的沸点较高，常压下约为 180℃，为了降低能耗，该塔采用减压精馏操作，塔顶得到水，塔釜产品为回收的乙二醇。

四、操作要点

① 启动萃取精馏塔的塔釜加热系统及装置的冷却水系统。

② 打开原料液和萃取剂的进料泵，调节溶剂比，向萃取精馏塔内加料。

③ 待萃取精馏塔有连续产品采出后，对塔顶产品进行色谱分析。

④ 开启真空系统，使萃取剂回收塔内的操作真空度保持在 700mmHg。

⑤ 开启萃取剂回收塔的塔釜加热系统，进行萃取剂回收。

⑥ 停车时，先关加热系统，再关真空系统，然后关闭冷却水，切断电源。

五、实验要求

① 熟悉流程及设备，采用萃取精馏方法制取无水乙醇。

② 调节塔釜加热量、溶剂比和回流比等操作参数，考察其对萃取精馏过程的影响。

六、思考题

① 萃取精馏技术的特点有哪些，与恒沸精馏的不同点有哪些？

② 实验操作中的溶剂比和回流比如何选定，各有什么作用？

③ 实验过程中，若塔顶无水乙醇的纯度不达标，可采取哪些措施调节？

④ 若实现计算机在线测控，应如何选用传感器和仪表？

实验十　雷诺演示实验

一、实验目的

① 建立对层流（滞流）和湍流两种流动类型的直观感性认识。

② 观测雷诺数与流体流动类型的相互关系。

③ 观察层流中流体质点的速度分布。

二、基本原理

雷诺（Reynolds）用实验方法研究流体流动时，发现影响流动类型的因素除流速 u 外，尚有管径（或当量直径）d，流体的密度 ρ 及黏度 μ，并可用此四个物理量组成的无量纲数群来判定流体流动类型：

$$Re = \frac{du\rho}{\mu} \tag{4-42}$$

① $Re < 2000 \sim 2300$ 时，为层流；

② $Re > 4000$ 时，为湍流；

③ $2000 < Re < 4000$ 时，为过渡区，在此区间可能为层流，也可能为湍流。

由式（4-42）可知，对同一个仪器，d 为定值，故流速 u 仅为流量 V 的函数；对于流体水来说，ρ、μ 几乎仅为温度 t 的函数，因此，确定了温度及流量，即可由仪器铭牌上的图查取雷诺数。

雷诺实验对外界环境要求较严格，应避免在有振动设施的房间内进行。但由于实验室条件的限制，通常在普通房间内进行，故将对实验结果产生一些影响，再加之管子粗细不均匀等原因，层流雷诺数上界在 1600～2000。

当流体的流速较小时，管内流动为层流，管中心的指示液成一条稳定的细线通过全管，与周围的流体无质点混合；随着流速的增加，指示液开始波动，形成一条波浪形细线；当速度继续增加，指示液将被打散，与管内流体充分混合。

三、实验装置

实验装置如图 4-21 所示。

四、操作要点

① 开启进水阀，使高位槽充满水，有溢流时即可关闭（若条件许可，此步骤可在实验前进行，以使高位槽中的水经过静置消除旋流，提高实验的准确度）。

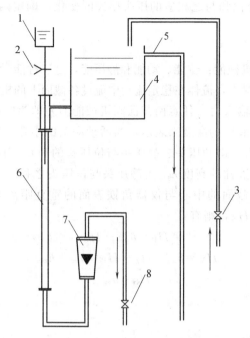

图 4-21　雷诺实验装置示意图

1—墨水罐；2—墨水阀；3—进水阀；4—高位水槽；5—溢流管；

6—流态观察管；7—转子流量计；8—排水阀

② 开启排水阀及墨水阀，根据转子流量计的示数，利用仪器上的对照图查得雷诺数，并列表记录之。

③ 逐渐开大排水阀，观察不同雷诺数时的流动状况，并把现象记入表中。

④ 继续开大排水阀，使红墨水与水相混匀，测取此时流量并将相应的雷诺数记入表中。

⑤ 观察在层流中流体质点的速度分布：层流中，由于流体与管壁间及流体与流体间内摩擦力的作用，管中心处流体质点速度较大，愈靠近管壁速度愈小，因此在静止时处于同一横截面的流体质点，开始层流流动后，由于速度不同，形成了旋转抛物面（即由抛物线绕其对称轴旋转而形成的曲面）。下面的演示可使同学们直观地看到这曲面的形状。

预先打开红墨水阀，使红墨水扩散为团状，再稍稍开启排水阀，使红墨水缓慢随水运动，则可观察到红墨水团前端的界限，形成了旋转抛物面。

五、讨论题

① 流体的流动类型与雷诺数的值有什么关系？

② 为什么要研究流体的流动类型？它在化工过程中有什么意义？

实验十一　流体机械能转换演示实验

一、实验目的

① 通过实测静止和流动的流体中各项压头及其相互转换，验证流体静力学原理和伯努利方程。

② 通过实测流速的变化和与之相应的压头损失的变化，确定两者之间的关系。

二、基本原理

流动的流体具有三种机械能：位能、动能和静压能，这三种能量可以相互转换。在没有摩擦损失且不输入外功的情况下，流体在稳定流动中流过各截面上的机械能的总和是相等的。

在有摩擦而没有外功输入时，任意两截面间机械能的差即为摩擦损失。

机械能可用测压管中液柱的高度来表示，当活动测头的小孔正对水流方向时，测压管中液柱的高度 h_{ag} 即为总压头（即动压头、静压头与位压头的和）。当活动测头的小孔轴线垂直于水流方向时，测压管中液柱的高度 h_{per} 为静压头与位压头之和。

若令位压头（所测管截面的中心与仪器角铁表面的垂直距离）为 H_Z，静压头为 H_P，动压头为 H_V，总压头为 H_S，则有：

$$H_P = h_{per} - H_Z$$
$$H_V = h_{ag} - H_Z - H_P = h_{ag} - h_{per}$$
$$H_S = h_{ag}$$

三、实验装置

实验装置如图 4-22 所示。

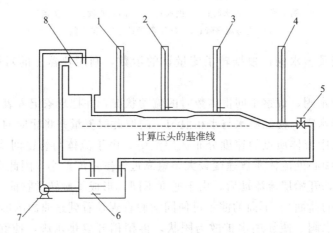

图 4-22　伯努利方程实验装置示意

1—1号测压管；2—2号测压管；3—3号测压管；4—4号测压管；
5—水流量调节阀；6—水箱；7—循环水泵；8—上水槽

四、操作要点

1. 验证流体静力学原理

开动循环水泵，关闭水流量调节阀 5，这时测压管液面高度均相同，且与活动测头位置无关，这说明当流体静止时，其内部各点的压强值与深度和流体密度有关。

请同学们思考，此时测压管中液柱的高度决定于什么？

2. 观察流体流动时的压头损失

打开水流量调节阀 5（小流量）并使各测头的小孔垂直于流动方向，在测压管上读取每个测压点的指示值，并把实验数据列表记录。

请回答：1、2、3、4 号测压管指示值是按什么规律变化的？为什么会这样变化？

3. 动静压头和位压头的相互转化

旋转 2 号及 3 号测压管的活动手柄，使测压头的小孔正对流动方向后，在测压管上的示值即为此点的总压头，记下数据，计算这两点的动能，并进行比较。

四个测压点所在管截面的内径截面中心距角铁的高度如下：

测压点序号	1	2	3	4
管截面内径/m	0.010	0.021	0.010	0.010
管中心高度/m	0.065	0.065	0.065	0.010

实验十二　温度、流量、压力校正实验

一、实验目的及任务

① 了解温度、流量、压力的校正方法。

② 利用 FLUKE-45 型多用表和二级温度计标定热电偶及铂电阻。

③ 利用钟罩式气柜标定流量计。

④ 利用高等级压力传感器标定压力表或压力传感器。

二、温度的标定

1. 基本原理

在生产制造热电偶或热电阻的过程中，由于生产工艺的限制，很难保证生产出来的热敏元件都具有相同的特性，此外，还由于某些热敏元件的自身的特性，如热电偶在低温时具有一定的非线性等原因，故在使用这些热敏元件进行精密测量时，需要对它们进行标定。其标定的方法因实际需求的不同而异，如标定热电偶时，用数字电压表；标定热电阻时，用双臂电桥等。此外在 100℃ 以上时，可采用油浴或电热炉；在 100℃ 以下时，采用恒温水浴。

2. 装置和流程

（1）用数字电压表标定热电偶

如图 4-23 所示，开启恒温控制器上的电源开关及搅拌马达开关，调节辅助加热调节器慢慢升温至某温度下，由触点温度计和恒温控制器稳定温度。用标定过的二级标准水银温度计作为标准温度计，尽可能靠近热电偶。热电偶的热电势用数字电压表准确读出。测定不同温度下的电势值。运用最小二乘法将数据整理成电势-温度关系式 $E_t = a + bt + ct^2$ 或画出"温度-电势"关系曲线。

由于热电偶的热惯性与标准温度计不同，每个测试点都应分别测取升温或降温时的数据，取平均值。

另外，可以用 FLUKE-45 型双显多用表取代上图 4-23 中的 B4-65 型转换开关和数字电压表。如标定 100℃ 以上数据时，水浴应使用油浴或电加热炉。

（2）用双臂电桥标定热电阻

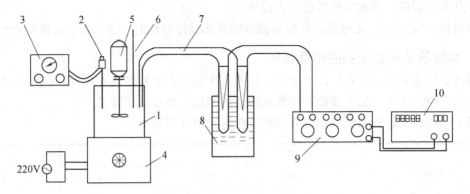

图 4-23　热电偶标定实验装置示意

1—恒温水浴；2—触点温度计；3—恒温控制器；4—辅助加热器；5—搅拌马达；6—二级标准
水银温度计；7—待标定热电偶；8—冰瓶；9—B4-65 型转换开关；10—数字电压表

热电阻标定实验装置如图 4-24 所示，QJ18a 型测温双电桥是专门作精密测量标准铂电阻温度计的电阻用的。它的总工作电流由 WY-17B 晶体管直流稳压电源供给。检流部分由 AC15/6 直流辐射式检流计完成。待标定铂电阻和标准温度计放在恒温水浴中，应尽量靠近。

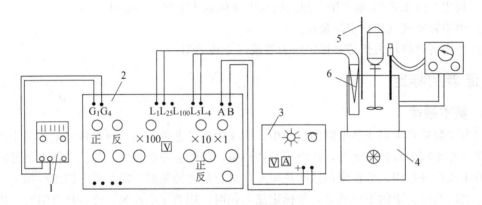

图 4-24　热电阻标定实验装置示意

1—AC15/6 直流辐射式检流计；2—QJ18a 型测温双臂电桥；3—WY-17B 晶体管直流稳压电源；
4—恒温水浴；5—二级标准水银温度计；6—待标定热电阻

QJ18a 型测温双电桥的工作原理如图 4-25 所示。

线路有两个量程：X_1 量程时，测量连线柱为 L_1、L_{25} 和 L_2、L_4、C_{25} 和 C_{100} 短接；X_2 量程时，测量连线柱为 L_1、L_{100} 和 L_2、L_4 短接。连接铂电阻的四根引线其阻值很难完全相同，故会影响测量结果，因此，测量时可用引线交换法消除之，即接线顺序正反换向开关测取两次，取平均值。

电源部分由 WY-17B 晶体管直流稳压电源供给。标准铂电阻温度计允许通过最大电流为 2mA。如选择 1mA，依据此电流值，计算出相应的进入电桥线路的总电压为 3V。

用双臂电桥标定热电阻可以取得令人满意的结果，如 Pt100 热电阻的阻值变化约 0.4Ω 时，对应的温度变化可达 $1℃$，所以应该采用精度很高的电桥来进行标定。必须指出，用该法标定电路复杂，操作繁琐。若精度要求不高时，可采用 FLUKE-45 型双显多用表直接测

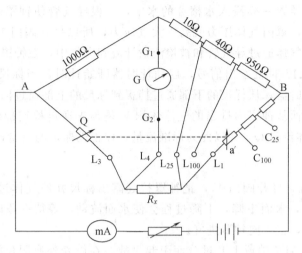

图 4-25　双电桥工作原理

G—检流计；R_x—待测铂电阻；mA—毫安表

量热电阻的阻值。由于该仪表的精度为 $4\frac{1}{2}$ 位，可识别 0.01Ω 的阻值变化，能取得较为满意的结果。

三、流量的标定

1. 标定装置及原理

钟罩式气柜是一种恒压式的测量气体流量的装置，其结构如图 4-26 所示，钟罩 1 是一

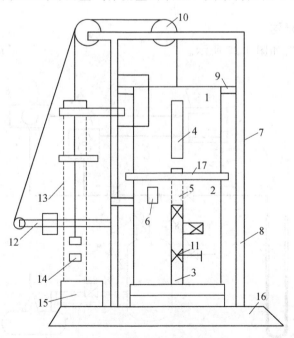

图 4-26　钟罩式气柜工作原理

1—钟罩；2—水槽；3—实验管道；4—标尺；5—排气导管；6—水位计；7—导轨；
8—立柱；9—外导轮；10—滑轮；11—阀门；12—补偿机构；13—动力机构的拉链；
14—配重；15—电动机；16—底座；17—挡板

个倒置的圆筒，它像浮罩一样浸入水槽 2 的水中，一根导气管使钟罩内腔与被检流量计连通，由于钟罩的自重，罩内气体压力就高于大气压力，所以打开阀门 11 时，钟罩就以一定的速度下降，内部的气体通过导气管和被检流量计流到大气中，在钟罩下降的过程中，当标尺 4 的下部通过挡板 17 时就发出信号，启动计时器开始计时，当标尺的上部通过挡板时，又发出信号，停止计时器，从标尺的下部通过挡板到标尺的上部通过挡板所经过的时间 t 可以从计时器上读出，而从钟罩内排出的气体体积 V 是预先通过检定确定下来的。这样，用 V 除以 t，就得到气体流量 Q，并以此为标准流量，校正被标定的流量计。

2. 操作方法

① 先开动电动机，打开阀门 11，把钟罩拉起露出标尺并使气体进入钟罩，钟罩浮升。由于钟罩内形成余压，水面下降，下降过程会使水面波动，等待一段时间，让水面平稳下来，再停止向外排气，正式向钟罩进气。

② 钟罩上升，为避免钟罩上升过分而引起事故，在筒壳外有限位标记，当平衡下降到此标记时，即关闭电动机 15，钟罩停止上升。

③ 缓开转换阀门 11，使钟罩下降，调整转换阀门 11 到要求的流量，使钟罩下降到起点遮光板位置时，光电装置会自动计时，钟罩继续下降到终点遮光板位置时，光电装置会自动停止计时，读取所需数据。

④ 当下降到标尺最上面的遮光板时，要调整关小转换阀门 11，钟罩缓慢下降，然后关闭转换阀门 11，让钟罩停止的最低位置最好距筒内水面有一距离，以免有水溢出。

⑤ 重复上述步骤，校核流量计。

四、压力的标定

1. 标定装置及流程

压力标定实验装置如图 4-27 所示。

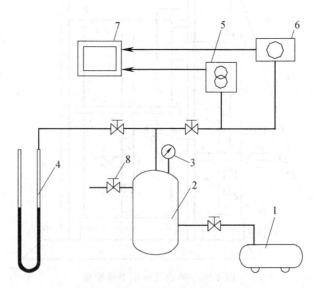

图 4-27　压力标定实验装置示意

1—空气压缩机；2—缓冲罐；3—压力表；4—U 形压差计；5—待标定压力传感器；

6—高精度压力传感器；7—智能显示仪表；8—放气阀

2. 基本原理

压力传感器在长期使用后，测量准确度会发生变化。这时，应对压力传感器进行校验和标定，方法有两种：一种是将压力传感器连入标准压力装置，如活塞式压力计，然后添加上标准砝码，读出压力传感器的计数，进行比较。另一种是将压力传感器与已标定过的更高等级的压力表相并联，接入同一信号源中，比较待测的压力传感器和标准压力表的读数，做出校正曲线，供实际测量使用。

3. 操作方法

① 打开空气压缩机，使气体进入缓冲罐，并注意观察压力表的读数，在稍超过被标定的压力传感器的量程后，关闭空气压缩机。

② 关闭进气阀，等待片刻，使缓冲罐内的压力逐渐稳定。

③ 打开两个测量阀，读取高等级压力传感器、U形压差计的读数和被标定的压力传感器的数值。

④ 打开防空阀，逐渐降低缓冲罐内的压力，在适当的压力下再测量一组数据。

⑤ 重复步骤③和步骤④直到得到标定所需的数据。

重要符号表

符号	意义	SI 单位
A	面积	m^2
C_0	孔流系数	
c_p	比定压热容	$J/(kg \cdot ℃)$
d	管径	m
E	亨利系数	Pa 或 atm
E	总板效率	
E_{ml}	单板效率	
G_A	被吸收气体通过塔截面的流率	$kmol/(m^2 \cdot s)$或 $kmol/(m^2 \cdot h)$
G_C	物料的绝干质量	kg
G_S	湿物料质量	kg
H_e	扬程	m
H_f	压头损失	m
H_{OL}	液相总传质单元高度	m
K	过滤常数	m^2/s
$K_x a$	液相体积总传质系数	$kmol/(m^3 \cdot s \cdot \Delta x)$或 $kmol/(m^3 \cdot h \cdot \Delta x)$
l	管长	m
L	液相通过塔截面的流率	$kmol/(m^2 \cdot s)$或 $kmol/(m^2 \cdot h)$
m	相平衡常数	
m	液相质量分数	
N	泵的功率	W 或 kW
N	理论板数	
N_b	液体的折射率	
N_e	有效功率	W 或 kW
N_e	实际板数	
N_{OL}	液相总传质单元数	
p	总压	Pa 或 atm
Δp	压降	Pa
Q	泵的流量	m^3/s 或 m^3/h
Q	传热量	W

符号	意义	SI 单位
q	单位过滤面积的滤液量	m^3/m^2
q_e	单位过滤面积的虚拟滤液量	m^3/m^2
R	电阻	Ω
r'	滤饼的比阻	$1/m^2$
S	滤饼的压缩指数	
S_0	孔口面积	m^2
t	温度	℃
Δt_m	对数平均温差	℃
U	加热电压	V
u	流速	m/s
V	体积	m^3
V_e	当量体积	m^3
V_p	填料层体积	m^3
V_s	体积流量	m^3/s 或 m^3/h
W	质量流量	kg/s 或 kg/h
W	水分汽化量	kg
X	含水量	
$\overline{X}$	平均含水量	
x	液相质量分数	
Δx_m	对数平均浓度差	
Z	填料层高度	m
α	传热膜系数	$W/(m^2 \cdot ℃)$
η	效率	
λ	摩擦阻力系数	
ν	滤饼体积与相应液体体积之比	
μ	黏度	Pa·s
ξ	局部阻力系数	
ρ	密度	kg/m^3
τ	干燥时间	s
Ω	塔截面积	m^2

第五章

计算机数据处理及实验仿真

随着电子技术的迅猛发展，计算机摆脱了价格上的束缚，被越来越多地应用到工程领域。现在，利用 PC 机高级语言编写程序实现某种算法，或应用各种各样的工程软件对数据进行处理与回归已是工程研究人员必备的素质。本章主要介绍用微软公司的 Excel 软件、MathWork 公司的 MATLAB 软件进行数据处理的基本方法及北京化工大学与北京东方仿真控制技术有限公司联合制作的仿真化工原理实验软件。

第一节 计算机数据处理

20 世纪以来，科学技术水平发展的速度明显加快，特别是近几十年，各学科迅猛发展，学科之间的相互渗透越来越密切。科研技术人员处理的实验数据量越来越多，计算难度越来越大，许多场合用手工计算的方法已无法完成任务。在这种情况下，出现了各种各样用于完成数据处理的应用软件，下面重点介绍 Excel 和 MATLAB。这两种软件各有优劣，Excel 简单易学，操作方便，在 Windows 平台下运行可靠稳定，但 Excel 的缺点是，它不能完成工程数据处理中的数据拟合、参数估计等复杂问题。而 MATLAB 软件更接近工程需要，它可以解决上述 Excel 软件所不能解决的工程问题，而且为使用者提供了许多工程计算所需要的函数。美中不足的是，它不像 Excel 软件那样简单易学，它需要使用者掌握一定的计算机语言编程技巧，并学会用 MATLAB 语言进行编程，完成所要达到的目的。限于篇幅，本节主要介绍使用 Excel 处理简单数据的方法和用 MATLAB 软件绘制曲线的方法。

一、用 Excel 完成实验数据处理

Excel 软件是 Office 系列软件中的一员，它的主要功能是完成电子表格的制作。同时，还在其中加入了许多功能，如计算公式、自动生成 VB 宏代码、生成图表等，使之可用于简单的数据处理，并自动生成数据表格。

（1）如何建立 Excel 数据表格 当计算机安装 Office 软件后，则可从桌面或开始菜单中双击其图标进入 Excel，程序将自动打开一个新的工作簿（Book），并将第一张表显示在屏幕上。在工作表上操作的基本单位是单元格。每个单元格以它们的列首字母和行首字母组成地址名字，如 A1、A2……B1、B2……可以在单元格中输入文字、数字、时间或公式，在输

入或编辑时，该单元格的内容会同时显示在公式栏中，若输入的是公式，回车前两处是相同的公式，回车后公式栏中为原公式，而单元格中则为公式计算结果。

【例 5-1】 实验的原始数据输入单元格中如图 5-1 所示：

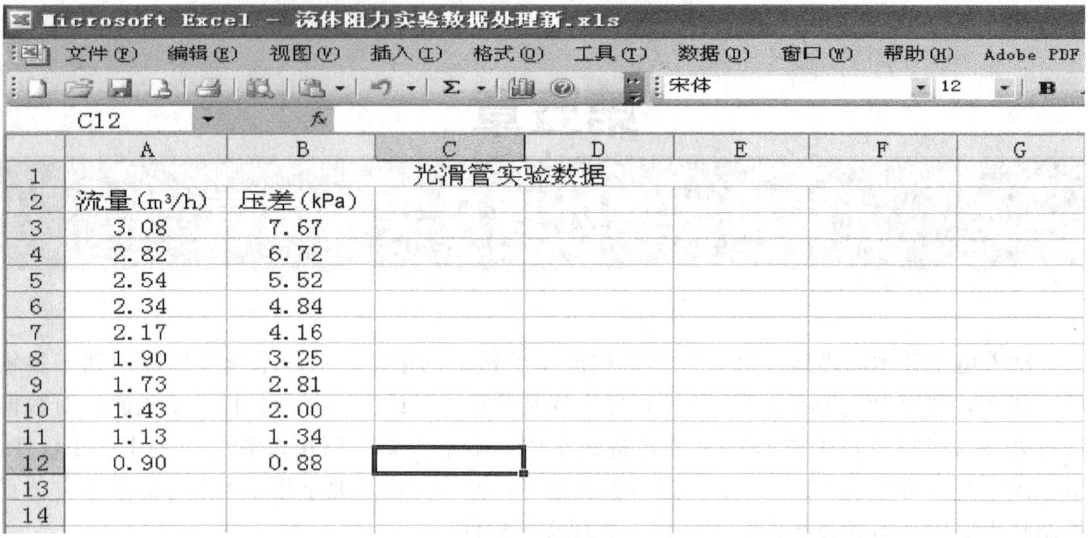

	A	B	C	D	E	F	G
1			光滑管实验数据				
2	流量(m^3/h)	压差(kPa)					
3	3.08	7.67					
4	2.82	6.72					
5	2.54	5.52					
6	2.34	4.84					
7	2.17	4.16					
8	1.90	3.25					
9	1.73	2.81					
10	1.43	2.00					
11	1.13	1.34					
12	0.90	0.88					
13							
14							

图 5-1 实验的原始数据

实验的原始数据通常要经过多次计算才能得到最终结果。利用 Excel 处理重复的计算过程可以得到事半功倍的效果。具体方法如下：

例如，现在需要计算流量为 A3（3.08m^3/h）时管内液体的流速，并准备在 C3 单元格中输出。那么先选中 C3 单元格，在公式栏中输入计算公式＝4* A3/(3.14* 0.02* 0.02)/3600，回车后 Excel 自动在 C3 中输出结果。注意，输入公式时必须以“＝”或运算符号开头。如图 5-2 所示。

然后选中复制按钮，再将 C4 到 C12 的单元格选中，按下粘贴按钮则 C1 单元格中的公式自动复制到 C4 到 C12 单元格中，并得到全部计算结果，如图 5-3 所示。

(2) 使用公式，把实验最终结果全部计算出来　如图 5-4 所示。

(3) 使用“图表向导”工具将数据生成图表　制图表之前，先在工作表中选择需要作图的数据区域，该区域中的数据将是作图的依据，例如，现在需要以雷诺数（*Re*）为横坐标，摩擦阻力系数（λ）为纵坐标，则同时选择 D 和 E 两列的数据。然后点击“图表向导”按钮，会出现“图表向导”对话框，它给出了多种图表类型，一般实验数据处理使用折线图或散点图。如图 5-5 所示。

然后按照提示逐步完成图形的制作。结果如图 5-6 所示。

应该注意到如果没有对图表进行进一步编辑，所得到的图表与实验的要求相差甚远。所以在完成基础步骤后，还应对图表进行编辑，包括添加数据，修改坐标轴格式，添加坐标名称，更改数据名称等工作。最终得到符合实验要求的数据图表如图 5-7 所示。

二、使用 MATLAB 完成实验数据处理

MATLAB 是 Matrix Laboratory 的缩写，它将计算机的可视化和编程功能集成在非常便于使用的环境中，是一个交互式的、以矩阵计算为基础的科学和工程计算软件。它自 20

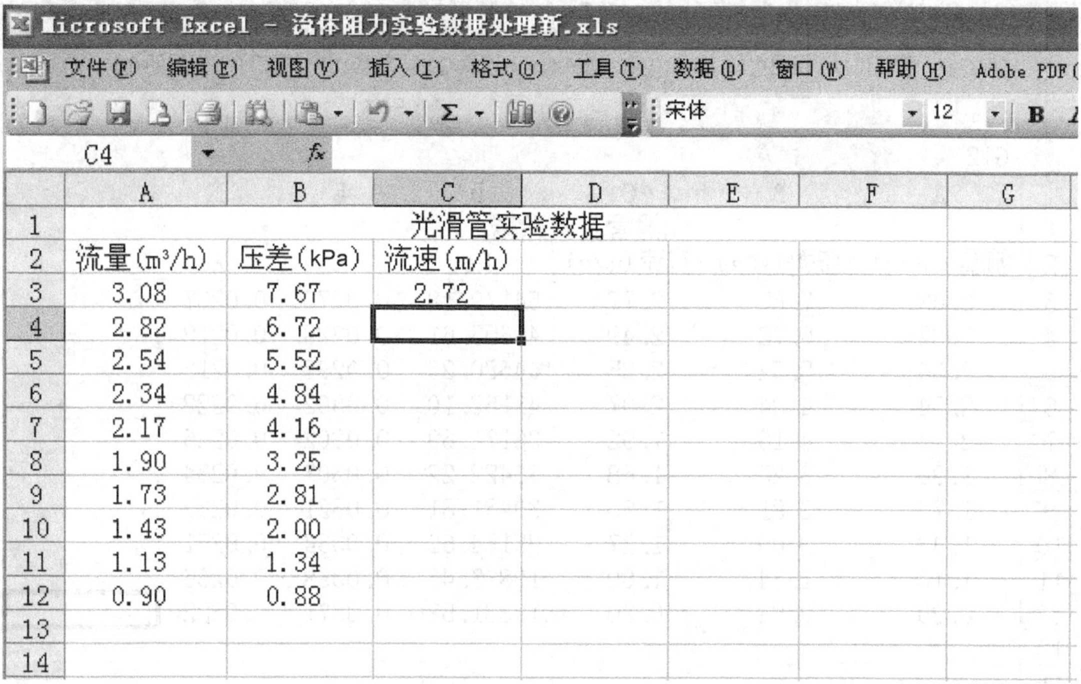

	A	B	C	D	E	F	G
1	光滑管实验数据						
2	流量(m³/h)	压差(kPa)	流速(m/h)				
3	3.08	7.67	2.72				
4	2.82	6.72					
5	2.54	5.52					
6	2.34	4.84					
7	2.17	4.16					
8	1.90	3.25					
9	1.73	2.81					
10	1.43	2.00					
11	1.13	1.34					
12	0.90	0.88					
13							
14							

图 5-2　原始数据的公式计算

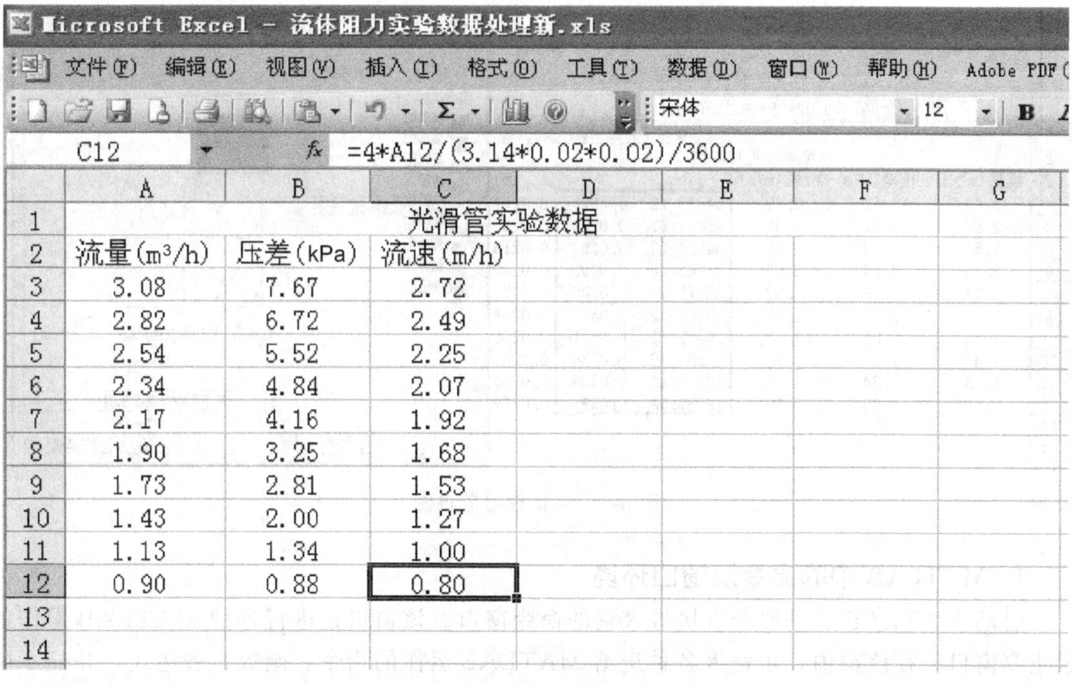

	A	B	C	D	E	F	G
1	光滑管实验数据						
2	流量(m³/h)	压差(kPa)	流速(m/h)				
3	3.08	7.67	2.72				
4	2.82	6.72	2.49				
5	2.54	5.52	2.25				
6	2.34	4.84	2.07				
7	2.17	4.16	1.92				
8	1.90	3.25	1.68				
9	1.73	2.81	1.53				
10	1.43	2.00	1.27				
11	1.13	1.34	1.00				
12	0.90	0.88	0.80				
13							
14							

图 5-3　实验原始数据

世纪 80 年代中期进入我国以来，越来越成为工程技术人员的有利助手。本节主要介绍用它绘制曲线的方法。

	A	B	C	D	E	F
1	光滑管实验数据					
2	流量(m³/h)	压差(kPa)	流速(m/s)	Re	λ	λb
3	3.08	7.67	2.72	54179.18	0.0276	0.0207
4	2.82	6.72	2.49	49605.61	0.0288	0.0212
5	2.54	5.52	2.25	44680.23	0.0292	0.0218
6	2.34	4.84	2.07	41162.10	0.0302	0.0222
7	2.17	4.16	1.92	38171.69	0.0302	0.0226
8	1.90	3.25	1.68	33422.22	0.0307	0.0234
9	1.73	2.81	1.53	30431.81	0.0321	0.0239
10	1.43	2.00	1.27	25154.62	0.0334	0.0251
11	1.13	1.34	1.00	19877.43	0.0358	0.0266
12	0.90	0.88	0.80	15831.58	0.0371	0.0282

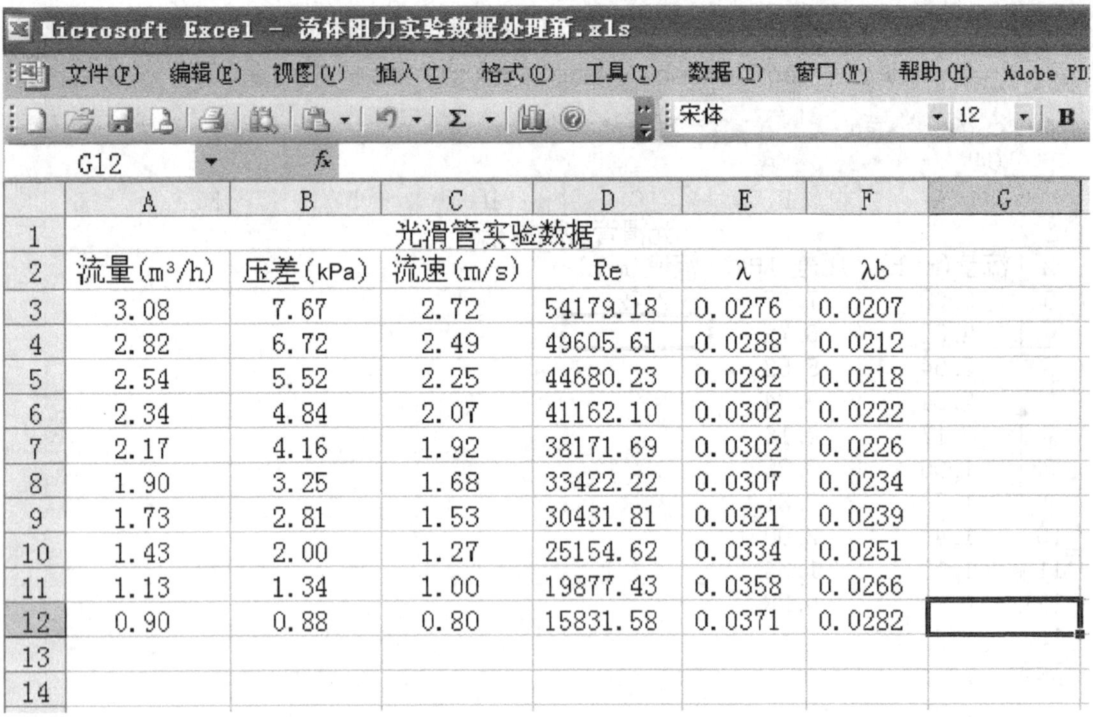

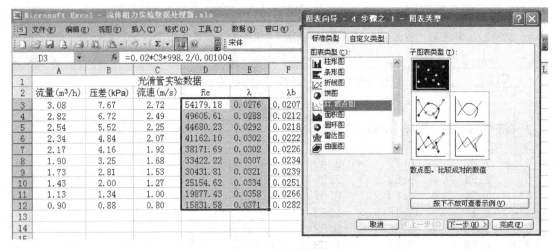

图 5-4 计算结果

图 5-5 实验数据散点图

1. MATLAB 中的命令及窗口环境

启动 MATLAB 后一般会直接进入它的命令窗口。该窗口是进行各种 MATLAB 操作的最主要窗口。在该窗内，可键入各种送给 MATLAB 运作的指令、函数、表达式，并显示除图形外的所有运算结果。但在进行实验数据处理时，通常需要编写一段程序，并希望能够保存下来。这样只在命令窗口就完成不了这些任务，还必须打开 M 文件编辑器。

在默认情况下，M 文件编辑/调试器不随操作界面的出现而启动。只有当进行“打开文件”等操作时，该编辑/调试器才启动。M 编辑器不仅可编辑 M 文件，而且可对 M 文件进

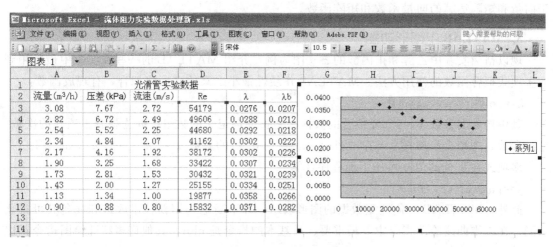

图 5-6　实验数据作图结果

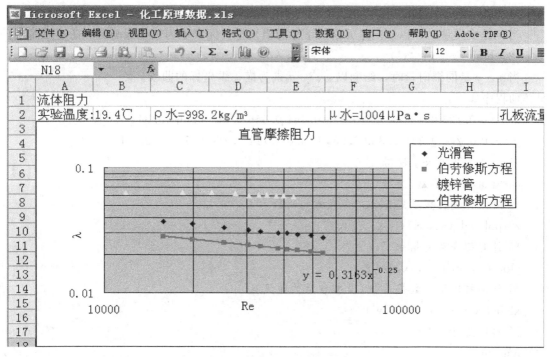

图 5-7　符合实验要求的图表

行交互式调试；不仅可处理带 .m 扩展名的文件，而且可以阅读和编辑其他 ASCII 码文件。编程时，应该在 M 编辑器的环境下编写、保存 MATLAB 的程序，然后把编辑好的程序粘贴到 MATLAB 的命令窗口，即可执行该程序。

2. MATLAB 中的变量表达式及函数

在 MATLAB 的数值采用习惯的十进制表示，可以带小数点或负号。MATLAB 中的变量、函数名对字母大小写是很敏感的。变量名的第一个字符必须是英文字母，最多可包含 31 个字符。变量名中不得包含空格、标点，但可以包含下划线。

MATLAB 提供了大量的函数，其中有标量函数如 sin，cos，sqrt，log 等，此外还有用于向量和矩阵运算的向量函数和矩阵函数。

3. MATLAB 中图形功能

现以精馏实验中乙醇和正丙醇的 x-y 图为例，介绍 MATLAB 的一些在实验中最常用到的多项式拟合函数的使用方法。MATLAB 作线性最小二乘的多项式拟合，有现成函数：

a＝polyfit (x, y, m)

其中输入的参数 x，y（要拟合的数据）是长度自定义的数组，m 为拟合多项式的次数，输出参数 a 为拟合多项式 $y=a_1x^m+\cdots+a_mx+a_{m+1}$ 的系数 $a=[a_1, \cdots, a_m, a_{m+1}]$。

多项式在 x 处的值 y 可用下面程序计算。

y＝polyval (a, x)

此外，MATLAB 一向注重数据的图形表示，并不断地采用新技术改进和完备其可视化功能。在二维曲线绘图指令中，最重要、最基本的指令是 plot，其他许多特殊绘图指令都以它为基础而形成的。

Plot 的基本调用格式

（1）plot $(x, 's')$

当 x 是实向量时，以该向量元素的下标为横坐标、元素值为纵坐标画出一条连续曲线。

（2）plot $(x, y, 's')$

当 x、y 是同维向量时，绘制以 x、y 元素为横、纵坐标的曲线。

具体的程序如下：

```
x＝[0 0.126 0.188 0.210 0.358 0.461 0.546 0.600 0.663 0.844 1.0];
y＝[0 0.240 0.318 0.339 0.550 0.650 0.711 0.760 0.799 0.914 1.0];
％ 乙醇丙醇的 x-y 数据
aa＝polyfit (x, y, 4);
％ 对数据进行多项式拟合，多项式的次数为 4
z＝polyval (aa, x);
％ 计算拟合后的结果
plot (x, y,'k＊', x, z,'r')
％ 绘图打印原始数据点'＊'及拟合后的曲线
xlabel ('x'), ylabel ('y')
％ 打印坐标
hold on
％ 保持图形准备打印下一幅图
y＝x
％ 重新对 y 赋值
plot (x, y,'b')
％ 打印新值下的 x, y 关系（对角线）
axis ([0, 1, 0, 1]);
％ 限定坐标轴范围
aa
％ 打印输出拟合后的参数。
```

运行该程序后，结果如下，并绘出 x-y 平衡曲线图 5-8 所示：

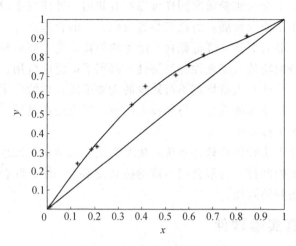

图 5-8　乙醇-正丙醇 x-y 相图

aa$=\begin{bmatrix}0.8378 & -1.0901 & -0.5980 & 1.8511 & 0.0013\end{bmatrix}$

即拟合后的多项式为：$y=0.8378x^4-1.0901x^3-0.5980x^2+1.8511x+0.0013$

第二节　实验仿真

一、仿真简介

仿真是借助电子计算机、网络和多媒体部件，模拟设备的流程和操作。20 世纪 90 年代以来，微型计算机性能大幅度的提高，价格下降，为仿真技术广泛普及创造了条件。如今，仿真技术无论在科研、设计还是生产操作阶段都发挥了重要的作用。动态数学模型是仿真系统的核心，它一般由微分方程组组成，能够描述与操作过程相似的行为数据，并具有通用性强、仿真精度高的特点。

随着市场竞争的日益激烈，仿真技术在化工系统中的应用也越来越广泛。在科研工作中，由于实验工作量很大，而且有时条件苛刻，实验工作十分困难甚至无法达到，例如创造高温、高压等特殊条件，核电站或化工厂泄漏等事故。而利用过程仿真系统则可在计算程序中改变实验参数，进行化工过程分析，既加快研究进展，又扩大参数变化范围，从而拓宽了科研的深度和广度。

化工装置设计的传统方法主要是依靠试验和经验。化工过程仿真技术的应用则促使改变传统的设计方法，特别是对一些复杂的、凭经验难以确定的设计问题，通过过程仿真计算则可得到确切的结果，同时还可通过经济评价系统对各种可能的方案进行可行性研究、比较与优化，选择最优方案。

在生产操作过程中，通过对现有的化工过程进行仿真、分析和控制，可实现最优化操作，提高产品的产量和质量，降低原材料和能源消耗，降低成本，提高市场竞争能力。

另外，仿真实验在教学中也具有独特的优越性。运用仿真实验的计算技术、图形和图像技术，可以方便、迅速且形象地再现教学实验装置、实验过程和实验结果，教师和学生在课堂上就可自己动手，在计算机上进行"实验"。使学生获得更多的信息，并有助于教师与学生之间的交流和教学质量的提高。

简而言之，仿真技术是与实验研究同样可靠和有效的一种研究手段，它的应用已日臻完善，极大地促进了化学工业的发展。为化工装置及化工厂的合理设计，提供迅速、经济与最优化的方案，为加快产品的更新，降低原料与能源的消耗，生产高质量的产品提供了有效途径。仿真技术以其独特的功效（安全性与经济性）得到了广泛的应用。目前，仿真技术已经成为系统分析、研究、设计及人员培训不可缺少的重要手段，它的应用与发展给社会带来巨大的经济效益。随着科学技术的发展，仿真技术已被广泛应用在机械、电力、化工等工程系统以及社会、经济等非工程系统。

这里介绍的化工原理实验仿真软件系统，集北京化工大学化工原理室教师多年的实验教学经验和北京东方仿真控制技术有限公司丰富的仿真技术于一体，联合开发而成，经几届学生的实际使用，收到很好的效果。

二、化工原理仿真实验软件

化工原理仿真实验有离心泵性能曲线测定、流量计的校验、流体阻力系数测定、强制对流传热膜系数测定、精馏实验、吸收实验、干燥实验，共七个实验。下面简要介绍该软件的操作步骤。

① 用鼠标点击"开始—程序—东方仿真—化工原理实验"将鼠标移动到要做的实验名称的相应条目上，用鼠标左键点击即可启动实验。

② 选中实验项目后，进入实验主界面。主界面的主体为该实验的流程图，现以流体阻力实验为例，如图 5-9 所示。

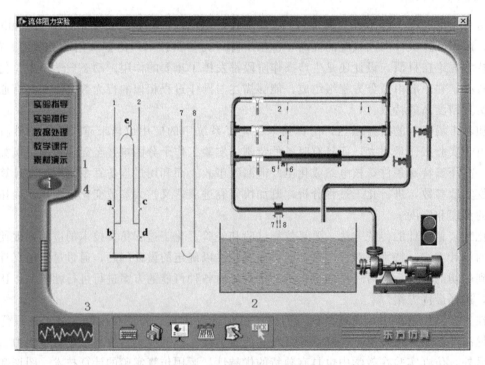

图 5-9　流体阻力实验主界面

主界面的左边有 6 个按钮（最下面一个是退出仿真），简要介绍如下。

实验指导——实验讲义相关内容，包括实验原理、设备介绍、计算公式、及注意事项等。

实验操作——详细的操作指导，可按 F1 键调出。

数据处理——点击后进入数据处理窗口，包括数据的记录、计算，曲线绘制或公式回归等内容。

教学课件——与实验内容相关的教学课件，采用开放式设计，教师可以用自己制作的课件代替。

素材演示——实验设备的照片、录像等素材的演示。

主界面的下方为系统功能菜单，包括一些系统的设置以及一些实验的功能，有"自动记录、记录授权、思考题、声音控制、打印设置、退出"六项，下面分别加以介绍。

——自动记录，可以自动记录下当前的实验数据，储存在数据处理的原始数据部分，需在授权中心获得授权。

——参数设置，可以修改当前实验的设备参数或实验条件，需在授权中心获得授权。

——思考题，与实验有关的标准化试题测试以及实验操作的评分，采用开放式设计，教师可以添加自己编写的思考题。

——网络控制，可通过连接教师站获得实验配置信息、提交实验报告。

——授权中心，用于向用户提供各种权利的授权。

——退出，退出实验到实验菜单。

要使用以上功能，将鼠标移动到相应的项目上，菜单左侧的说明框（图中方框 3 所圈部分）会出现文字说明，点击鼠标左键即可。

下面详细介绍授权中心的使用。

点击下方菜单的授权中心按钮，出现授权中心界面，如图 5-10 所示。

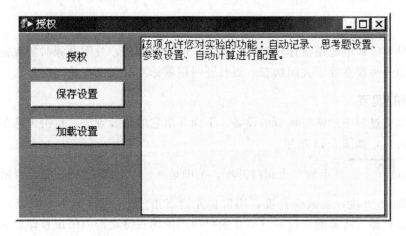

图 5-10 授权中心界面

将鼠标放在左边的按钮上，右边的文本框中即显示出该按钮功能的说明。点击授权按钮，即弹出密码输入框，输入正确密码后，系统就会确认您拥有配置的权利，如图 5-11 所示，选择需要的权限，点击确定。

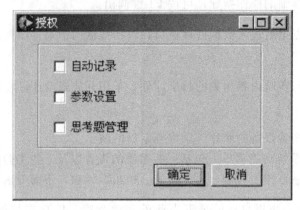

图 5-11　权限选择

选择了权限后，就可以根据实验项目的要求进行实验。每一个实验项目的实验指导和操作都详细说明了该实验的基本原理、操作步骤、操作要点、注意事项和数据处理的方法，这里不再详细说明。下面简述一些实验流程中按钮的使用。

1. 电源开关的使用

实验设备的电源开关有两种，如图 5-12 所示。

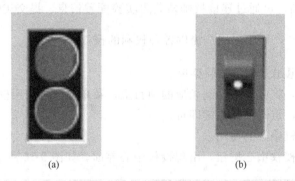

(a)　　　　　　　　　(b)

图 5-12　电源开关

左边一种要接通电源用鼠标左键点击开关上的绿色按钮，关闭电源时用鼠标左键点击红色按钮。右边一种现在处于关闭状态，要打开时用鼠标左键点击，关闭时再次点击即可。

2. 阀门的调节

阀门是实验过程中经常要调节的设备，下面介绍它的调节方法，点击可调节的阀门会出现阀门调节窗口，如图 5-13 所示。

图中方框 0 显示数字为阀门开度，范围是 0～100。要增加开度，用鼠标左键点击 ▲，每次增加 5 开度，要减少开度，用鼠标左键点击 ▼，每次减小 5 开度。也可以在开度显示框中直接输入所需的开度，然后在窗口内用鼠标右键点击关闭窗口即可。注意，如果用鼠标左键点击窗口右上角的"X"关闭窗口，则输入的开度将不会被应用。另外，如果输

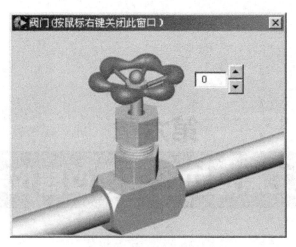

图 5-13　阀门调节窗口

入的开度小于 0，按 0 计，大于 100，按 100 计。

3. 压差计读数

实验中的压差计在设备图中都比较小，用鼠标左键点击即可放大，如图 5-14 所示（右键点击恢复）。

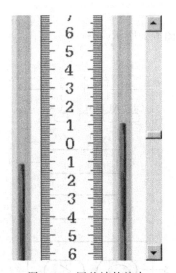

图 5-14　压差计的放大

压差计中的介质有很多种，颜色各不相同，为了便于读数，把介质的颜色统一为红色，但是其中的介质种类要以具体实验为准。用鼠标拖动滚动条可以读取压差计两边的液柱高度，即可得到两边液柱高度差，进而求得压差。但在实验仿真中，一般采用自动记录数据模式，不需要人为记录数据，只要点下自动记录按钮即可。查看压差计，只是为了验证数据是否改变。

第六章

化工原理实验常用仪器仪表

第一节　人工智能调节器

AI 人工智能调节器是一款应用范围较广，功能较强的仪表。本节仅针对其在实验中所使用到的功能及基本操作做一简单说明。

一、面板说明

AI 人工智能调节器面板如图 6-1 所示。

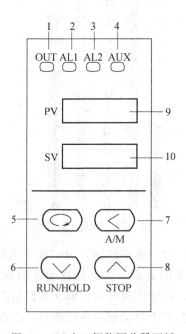

图 6-1　AI 人工智能调节器面板

1—调节输出指示灯；2—报警 1 指示灯；3—报警 2 指示灯；4—AUX 辅助接口工作指示灯；

5—显示转换（兼参数设置进入）；6—数据减少键（兼程序运行/暂停操作）；

7—数据移位（兼手动/自动切换及程序设置进入）；8—数据增加键

（兼程序停止操作）；9—测量值显示窗；10—设定值显示窗

二、基本使用操作

(1) 显示切换：按⟳键可以切换不同的显示状态。

(2) 修改数据：如果参数没锁上，均可通过按⟨、∨或∧键来修改下显示窗口显示的数值。AI 仪表同时具备数据快速增减法和小数点移位法。按∨键减小数据，按∧键增加数据，可修改数值位的小数点同时闪动（如同光标）。按键并保持不放，可以快速地增加/减少数值，并且速度会随小数点右移自动加快（3 级速度）。而按⟨键则可直接移动修改数据的位置（光标），操作快捷。

(3) 设置参数：按⟳键并保持约 2s，即进入参数设置状态。在参数设置状态下按⟳键，仪表将依次显示各参数，对于配置好并锁上参数锁的仪表，只出现操作中需要用到的参数（现场参数）。用⟨、∨、∧等键可修改参数值。按⟨键并保持不放，可返回显示上一参数。先按⟨键不放接着再按⟳键可退出设置参数状态。如果没有按键操作，约 30s 后会自动退出设置参数状态。

以上仅对"AI 人工智能调节器"的功能进行了简要的说明，若使用者希望更详细的了解"AI 人工智能调节器"，请参阅《AI 人工智能调节器使用说明书》。

三、使用示例

(1) 接 Pt100 测温：Sn＝21

(2) 接 K 型热电偶测温：Sn＝0

(3) 人工智能调节控温：控制温度为 100℃，SV＝100，Ctrl＝1

(4) 位式调节控温：控制温度为 (100±0.3)℃，SV＝100，dF＝0.3，Ctrl＝0

(5) 接压力传感器测压力：压力为 0kPa 时，压力传感器输出为 0mV；压力为 50kPa 时，压力传感器输出为 20mV；要求仪表显示数值小数点后两位，单位为 kPa；则 Sn＝28，dIP＝2，DIL＝0，dIH＝50。

第二节 阿贝折光仪

阿贝折光仪可测定透明、半透明的液体或固体的折射率，使用时配以恒温水浴，其测量温度范围为 0～70℃。折射率是物质的重要光学性质之一，通常能借其以了解物质的光学性能、纯度或浓度等参数，故阿贝折光仪现已广泛应用于化工、制药、轻工、食品等相关企业、院校和科研机构。

一、工作原理与结构

阿贝折光仪的基本原理为折射定律（如图 6-2）：

$$n_1 \sin\alpha_1 = n_2 \sin\alpha_2$$

式中　n_1，n_2——相界面两侧介质的折射率；

α_1，α_2——入射角和折射角。

若光线从光密介质进入光疏介质，则入射角小于折射角，改变入射角度，可使折射角达 90°，此时的入射角被称为临界角，本仪器测定折射率就是基于测定临界角的原理。如果用

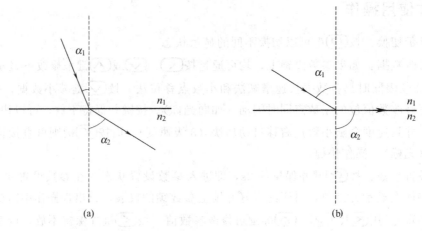

图 6-2　折射定律示意

视镜观察光线，可以看到视场被分为明暗两部分（如图 6-3 所示），二者之间有明显的分界线，明暗分界处即为临界角位置。

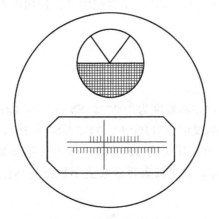

图 6-3　折光仪视场示意

阿贝折光仪根据其读数方式大致可以分为三类：单目镜式、双目镜式及数字式。虽然，读数方式存在差异，但其原理及光学结构基本相同，此处仅以单目镜式为例加以说明，其结构如图 6-4 所示。

二、使用方法

（1）恒温：将阿贝折光仪置于光线充足的位置，并用软橡胶管将其与恒温水浴连接，然后开启恒温水浴，调节到所需的测量温度，待恒温水浴的温度稳定 5min 后，即可开始使用。

（2）加样：将辅助棱镜打开，用擦镜纸将镜面擦干后，闭合棱镜，用注射器将待测液体从加样孔中注入，锁紧锁钮，使液层均匀，充满视场。

（3）对光和调整：转动手柄，使刻度盘的示值为最小，调节反射镜，使测量视镜中的视场最亮，再调节目镜，至准丝清晰。转动手柄，直至观察到视场中的明暗界线，如图 6-4 所示，此时若交界处出现彩色光带，则应调节消色散手柄，使视场内呈现清晰的明暗界线。将

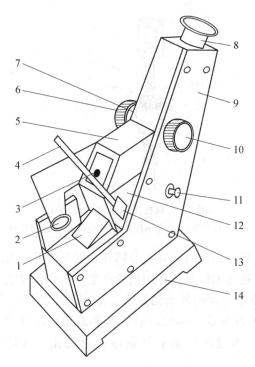

图 6-4 阿贝折光仪结构

1—反射镜；2—转轴；3—遮光板；4—温度计；5—进光棱镜座；6—色散调节手轮；

7—色散值刻度盘；8—目镜；9—盖板；10—锁紧轮；11—聚光灯；

12—折射棱镜座；13—温度计座；14—底座

交界线对准准丝交点，此时，从视镜中读得的数据即为折射率。

（4）测量结束时，先将恒温水浴电源切断，然后将棱镜表面擦干净。如果长时间不用，应卸掉橡胶管，放净保温套中的循环水，将阿贝折光仪放到仪器箱中存放。

三、注意事项

（1）在测定折射率时，要确保系统恒温，否则将直接影响所测结果。

（2）若仪器长时间不用或测量有偏差时，可用溴代萘标准试样进行校正。

（3）保持仪器的清洁，严禁用手接触光学零件，光学零件只允许用丙酮、二甲醚等来清洗，并用擦镜纸轻轻擦拭。

（4）仪器严禁被激烈振动或撞击，以免光学零件受损，影响其精度。

第三节 YSI-550A 溶氧仪

一、YSI-550A 溶氧仪氧探头基本结构

YSI-550A 溶氧仪氧探头基本结构如图 6-5 所示。

二、工作原理

氧探头由一个柱状的银阳极和一个环形的黄金阴极组成。使用时，探头末端需注满电解

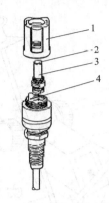

图 6-5　氧探头的基本结构示意

1—探头保护罩；2—金电极；3—银电极；4—温度传感器

液，并覆盖有一片渗透性膜，把电极与外界分隔开，但气体可进入。当一极化电位施加于探头电极上时，透过薄膜渗透进来的氧，在阴极处产生反应并形成电流。

氧气渗透过薄膜的速率与膜内外间的压力差成正比。由于氧气在阴极处迅速消耗掉，所以可假设膜内的氧气压力为零。因此，把氧气推进膜内的压力与膜外的氧气分压成正比。当氧气分压变化时，渗进膜内的氧气量也相应变化，这就导致探头电流亦按比例改变。

三、标定

① 确定标定室海绵湿润，将探头插入标定室。

② 打开仪器，预热 15～20min。

③ 同时按"▲"和"▼"两键，进入 CAL（标定）菜单。

④ 按"Mode"键至"‰"显示在屏幕右侧，然后按"⏎"键。

⑤ 输入海拔高度（不用输入数据），按"⏎"键。

⑥ 主屏幕读数稳定后，再按"⏎"键。

⑦ 输入盐度（0～70ppt，若为淡水，输入 0 即可），先按"⏎"键，再按"Mode"键至 mg/L 显示在屏幕右侧，完成标定。

四、测量

① 开启磁力搅拌器，液体流速约 16cm/s。

② 将探头插入待测液中，液面超过不锈钢段 5mm。

③ 读数稳定后，记录数据。

五、注意事项

① 维护电极，清洗探头，更换电解液等。

② 不用时将探头放入海绵标定室/保存室。

③ 探头与仪表使用时，要轻拿轻放，特别要注意，不要使氧探头的膜与其他硬物相碰，以免将膜碰破。

④ 仪表测量范围：含氧 0～50mg/L 的水溶液，测量温度为 0～50℃。

第四节　FLUKE-45 双显多用表简介

FLUKE-45 双显示多用表（以下简称多用表）具有 $4\frac{1}{2}$ 位高分辨力，是为现场维修和系统应用而设计的台式表。它具有以下特色。

① 真空荧光管双路显示，可同时显示输入信号的两个特性，例如，在一路显示器上显示交流电压值，在另一路显示器上显示频率值。

② 可借助于 RS-232 接口进行远程操作。

③ 可测量交、直流电压、电流的有效值及频率，测量频率高达 1MHz。

④ 具有很高的分辨率，可识别小于 1mV 的信号。

⑤ 可测量音频信号的功率。

⑥ 采用电阻比率技术测量电阻值，使测量更精确。

一、面板说明

该仪表面板如图 6-6 所示。

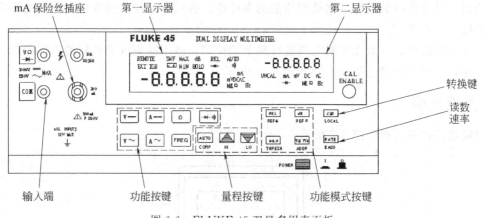

图 6-6　FLUKE-45 双显多用表面板

二、操作指南

① 接好电源后，按下多用表右下方的 POWER 键启动多用表，仪表进行自检，约 4s 后进入测量状态。

② 选择被测变量，如果要测量直流电压，则按下 V=== 键；测交流电压，则按下 V~ 键；测电阻，按下 Ω 键；测频率，按下 FREQ 键；此外，多用表还可测量二极管特性、交直流电流等参数。

③ 量程选择，按 AUTO 键进入自动量程选择模式，再按一次进入手动选择模式，可在此状态下按 △ 或 ▽ 调整量程。

【例 6-1】 用多用表测量电阻值。

① 将测试连接导线插入 VΩ→ 和 COM 输入端。

② 开机，按 Ω 键选择电阻测量功能。

③ 按 [AUTO] 键选择手动量程，并用△或▽选择量程。

④ 将两根测试线短接，此时显示器显示两根引线的电阻值。

⑤ 在保持测试连接线短接的情况下，按 [DEL] 键，这时，测试连接导线电阻值变成相对基数，而且多用表显示为 0Ω。

⑥ 保持所选中的相对模式，测量待测电阻。此时，相对基数为测试连接线的电阻值，而显示器上显示的为被测电阻的阻值。

三、注意事项

① 为了保证仪表安全，输入信号不应大于 450V。

② 多用表允许同时按下多用测量选择键，如同时按下 [V===] 和 [V~] 键。但此时显示值为输入直流信号加上交流信号的有效值，既不单为直流值，也不是交流值，所以必须根据测量要求选择相应的测量项目。

第五节　变　频　器

西门子 Micromaster 420 变频器可以控制各种型号的三相交流电动机。该变频器由微处理器控制，具有很高的运行可靠性和功能的多样性。在设置了相关参数后，它可用于许多高级的电机控制系统中。

在化工实验中，一般无需对电机进行复杂的控制，故不需更改变频器的内部参数，只在控制面板上即可实现对电机及变频器的普通操作。

一、面板说明

变频器的控制面板如图 6-7 所示。

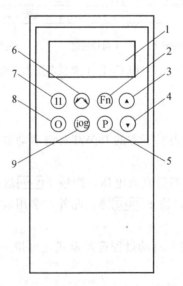

图 6-7　变频器控制面板示意

1—状态显示窗；2—功能键；3—增加数值键；4—减少数值键；5—参数访问键；
6—改变转向键；7—变频器启动键；8—变频器停止键；9—电动机点动

二、变频器简易操作步骤

　　① 电机的参数已经设入变频器内部的记忆芯片，因此，启动变频器时无须对电机的参数再进行设置。

　　② 手动控制操作（即用变频器的面板按钮进行控制）：在变频器通电后，按"P"键，再按"△"键，找到参数"P700"，按"P"键，出现5，按"▽"键，将该值改为1。按"P"键，再按"△"键，找到"P1000"，按"P"键，出现5，并改为1，再按"P"键，按"Fn"键，返回0.00。这时，可手动操作，即按下"绿色启动键"启动风机（或水泵），（按"△"或"▽"键，可改变电源频率，即改变风机转速。如果要停机，则按下"红色停止键"）。

　　③ 自动控制操作（即通过计算机控制变频器）：在变频器通电后，按"P"键，再按"△"键，找到参数"P700"，再按"P"键，出现1，并将其改为5。按"P"键，再按"△"键，找到参数"P1000"，按"P"键，出现1，并改为5，按"P"键，按"Fn"键，再按"P"键（此时，显示器只显示0.00），这时，即可通过计算机启、停风机（或水泵），并改变频率（转速）。

三、操作示例

　　欲将变频器调到 35Hz，则

　　① 按启动键（BOP 面板上绿色按键）启动变频器，几秒后液晶面板上将显示 5.00，表示当前频率为 5.00Hz。

　　② 按△键可增加频率，液晶板上数值开始增加，直到显示度为 35.00 为止。

　　③ 按停止键（BOP 面板上红色按键）停止变频器。

附　　录

附录一　常用数据表

表 1　干空气的重要物理性质（101.325kPa）

温度 /℃	密度 /kg·m⁻³	比定压热容		热导率		黏度		运动黏度 /10⁻⁶m²·s⁻¹
		/kJ· (kg·K)⁻¹	/kcal· (kgf·℃)⁻¹	/W· (m·K)⁻¹	/kcal· (m·h·℃)⁻¹①	/μPa·s 或 10⁻³cP	/10⁻⁶kgf· s·m⁻²	
−50	1.584	1.013	0.242	0.0204	0.0175	14.6	1.49	9.23
−40	1.515	1.013	0.242	0.0212	0.0182	15.2	1.55	10.04
−30	1.453	1.013	0.242	0.0220	0.0189	15.7	1.60	10.80
−20	1.395	1.009	0.241	0.0228	0.0196	16.2	1.65	12.79
−10	1.342	1.009	0.241	0.0236	0.0203	16.7	1.70	12.43
0	1.293	1.005	0.240	0.0244	0.0210	17.2	1.75	13.28
10	1.247	1.005	0.240	0.0251	0.0216	17.7	1.80	14.16
20	1.205	1.005	0.240	0.0259	0.0223	18.1	1.85	15.06
30	1.165	1.005	0.240	0.0267	0.0230	18.6	1.90	16.00
40	1.128	1.005	0.240	0.0276	0.0237	19.1	1.95	16.96
50	1.093	1.005	0.240	0.0283	0.0243	19.6	2.00	17.95
60	1.060	1.005	0.240	0.0290	0.0249	20.1	2.05	18.97
70	1.029	1.009	0.241	0.0297	0.0255	20.6	2.10	20.02
80	1.000	1.009	0.241	0.0305	0.0262	21.1	2.15	21.09
90	0.972	1.009	0.241	0.0313	0.0269	21.5	2.19	22.10
100	0.946	1.009	0.241	0.0321	0.0276	21.9	2.23	23.13
120	0.898	1.009	0.241	0.0334	0.0287	22.9	2.33	25.45
140	0.854	1.013	0.242	0.0349	0.0300	23.7	2.42	27.80
160	0.815	1.017	0.243	0.0364	0.0313	24.5	2.50	30.09
180	0.779	1.022	0.244	0.0378	0.0325	25.3	2.58	32.49
200	0.746	1.026	0.245	0.0393	0.0338	26.0	2.65	34.85
250	0.674	1.038	0.248	0.0429	0.0367	27.4	2.79	40.61
300	0.615	1.048	0.250	0.0461	0.0396	29.7	3.03	48.33
350	0.566	1.059	0.253	0.0491	0.0422	31.4	3.20	55.46
400	0.524	1.068	0.255	0.0521	0.0448	33.0	3.37	63.09
500	0.456	1.093	0.261	0.0575	0.0494	36.2	3.69	79.38
600	0.404	1.114	0.266	0.0622	0.0535	39.1	3.99	96.89
700	0.362	1.135	0.271	0.0671	0.0577	41.8	4.26	115.4
800	0.329	1.156	0.276	0.0718	0.0617	44.3	4.52	134.8
900	0.301	1.172	0.280	0.0763	0.0656	46.7	4.76	155.1
1000	0.277	1.185	0.283	0.0804	0.0694	49.0	5.00	177.1
1100	0.257	1.197	0.286	0.0850	0.0731	51.2	5.22	199.3
1200	0.239	1.206	0.288	0.0915	0.0787	53.4	5.45	223.7

① 1cal＝4.1868J，全书同。

表 2　水的重要物理性质

温度 /℃	外压 $/100\mathrm{kN\cdot m^{-2}}$	外压 $/\mathrm{kgf\cdot cm^{-2}}$	密度 $/\mathrm{kg\cdot m^{-3}}$	焓 $/\mathrm{kJ\cdot kg^{-1}}$	焓 $/\mathrm{kcal\cdot kgf^{-1}}$	比热容 $/\mathrm{kJ\cdot(kg\cdot K)^{-1}}$	比热容 $/\mathrm{kcal\cdot(kgf\cdot ℃)^{-1}}$	热导率 $/\mathrm{W\cdot(m\cdot K)^{-1}}$	热导率 $/\mathrm{kcal\cdot(m\cdot h\cdot ℃)^{-1}}$	黏度 $/\mathrm{mPa\cdot s}$ 或 cP	黏度 $/10^{-6}\mathrm{kgf\cdot s\cdot m^{-2}}$	运动黏度 $/10^{-3}\mathrm{m^2\cdot s^{-1}}$	体积膨胀系数 $/10^{-3}℃^{-1}$	表面张力 $/\mathrm{mN\cdot m^{-1}}$	表面张力 $/\mathrm{mkgf\cdot m^{-1}}$
0	1.013	1.033	999.9	0	0	4.212	1.006	0.551	0.474	1.789	182.3	0.1789	−0.063	75.6	7.71
10	1.013	1.033	999.7	42.04	10.04	4.191	1.001	0.575	0.494	1.305	133.1	0.1306	+0.070	74.1	7.56
20	1.013	1.033	998.2	83.90	20.04	4.183	0.999	0.599	0.515	1.005	102.4	0.1006	0.182	72.7	7.41
30	1.013	1.033	995.7	125.8	30.02	4.174	0.997	0.618	0.531	0.801	81.7	0.0805	0.321	71.2	7.26
40	1.013	1.033	992.2	167.5	40.01	4.174	0.997	0.634	0.545	0.653	66.6	0.0659	0.387	69.6	7.10
50	1.013	1.033	988.1	209.3	49.99	4.174	0.997	0.648	0.557	0.549	56.0	0.0556	0.449	67.7	6.90
60	1.013	1.033	983.2	251.1	59.98	4.178	0.998	0.659	0.567	0.470	47.9	0.0478	0.511	66.2	6.75
70	1.013	1.033	977.8	293.0	69.98	4.187	1.000	0.668	0.574	0.406	41.4	0.0415	0.570	64.3	6.56
80	1.013	1.033	971.8	334.9	80.00	4.195	1.002	0.675	0.580	0.355	36.2	0.0365	0.632	62.6	6.38
90	1.013	1.033	965.3	377.0	90.04	4.208	1.005	0.680	0.585	0.315	32.1	0.0326	0.695	60.7	6.19
100	1.013	1.033	958.4	419.1	100.10	4.220	1.008	0.683	0.587	0.283	28.8	0.0295	0.752	58.8	6.00
110	1.433	1.461	951.0	461.3	110.19	4.223	1.011	0.685	0.589	0.259	26.4	0.0272	0.808	56.9	5.80
120	1.986	2.025	943.1	503.7	120.3	4.250	1.015	0.686	0.590	0.237	24.2	0.0252	0.864	54.8	5.59
130	2.702	2.755	934.8	546.4	130.5	4.266	1.019	0.686	0.590	0.218	22.2	0.0233	0.919	52.8	5.39
140	3.624	3.699	926.1	589.1	140.7	4.287	1.024	0.685	0.589	0.201	20.5	0.0217	0.972	50.7	5.17
150	4.761	4.855	917.0	632.3	151.0	4.312	1.030	0.684	0.588	0.186	19.0	0.0203	1.03	48.6	4.96
160	6.181	6.303	907.4	675.3	161.3	4.346	1.038	0.683	0.587	0.173	17.7	0.0191	1.07	46.6	4.75
170	7.924	8.080	897.3	719.3	171.8	4.386	1.046	0.679	0.584	0.163	16.6	0.0181	1.13	45.3	4.62
180	10.03	10.23	886.9	763.3	182.3	4.417	1.055	0.675	0.580	0.153	15.6	0.0173	1.19	42.3	4.31
190	12.55	12.80	876.0	807.6	192.9	4.459	1.065	0.670	0.576	0.144	14.7	0.0165	1.26	40.0	4.08
200	15.54	15.85	863.0	852.4	203.6	4.505	1.076	0.663	0.570	0.136	13.9	0.0158	1.33	37.7	3.84
210	19.07	19.45	852.8	897.6	214.4	4.555	1.088	0.655	0.563	0.130	13.3	0.0153	1.41	35.4	3.61
220	23.20	23.66	840.3	943.7	225.4	4.614	1.102	0.645	0.555	0.124	12.7	0.0148	1.48	33.1	3.38
230	27.98	28.53	827.3	990.2	236.5	4.681	1.118	0.637	0.548	0.120	12.2	0.0145	1.59	31.0	3.16
240	33.47	34.13	813.6	1038	247.8	4.756	1.136	0.628	0.540	0.115	11.7	0.0141	1.68	28.5	2.91
250	39.77	40.55	799.0	1086	259.3	4.844	1.157	0.618	0.531	0.110	11.2	0.0137	1.81	26.2	2.67
260	46.93	47.85	784.0	1135	271.1	4.949	1.182	0.604	0.520	0.106	10.8	0.0135	1.97	23.8	2.42
270	55.03	56.11	767.9	1185	283.1	5.069	1.211	0.590	0.507	0.102	10.4	0.0133	2.16	21.5	2.19
280	64.16	65.42	750.7	1237	295.4	5.229	1.249	0.575	0.494	0.098	10.0	0.0131	2.37	19.1	1.95
290	74.42	75.88	732.3	1290	308.1	5.485	1.310	0.558	0.480	0.094	9.6	0.0129	2.62	16.9	1.72
300	85.81	87.6	712.5	1345	321.2	5.730	1.370	0.540	0.464	0.091	9.3	0.0128	2.92	14.4	1.47
310	98.76	100.6	691.1	1402	334.9	6.071	1.450	0.523	0.450	0.088	9.0	0.0128	3.29	12.1	1.23
320	113.0	115.1	667.1	1462	349.2	6.573	1.570	0.506	0.435	0.085	8.7	0.0128	3.82	9.81	1.00
330	128.7	131.2	640.2	1526	364.5	7.24	1.73	0.484	0.416	0.081	8.3	0.0127	4.33	7.67	0.782
340	146.1	149.0	610.1	1595	380.9	8.16	1.95	0.457	0.393	0.077	7.9	0.0127	5.34	5.67	0.578
350	165.3	168.6	574.4	1671	399.2	9.50	2.27	0.43	0.37	0.073	7.4	0.0126	6.68	3.81	0.389
360	189.0	190.32	528.0	1761	420.7	13.98	3.34	0.40	0.34	0.067	6.8	0.0126	10.9	2.02	0.206
370	210.4	214.5	450.5	1892	452.0	40.32	9.63	0.34	0.29	0.057	5.8	0.0126	26.4	0.47	0.048

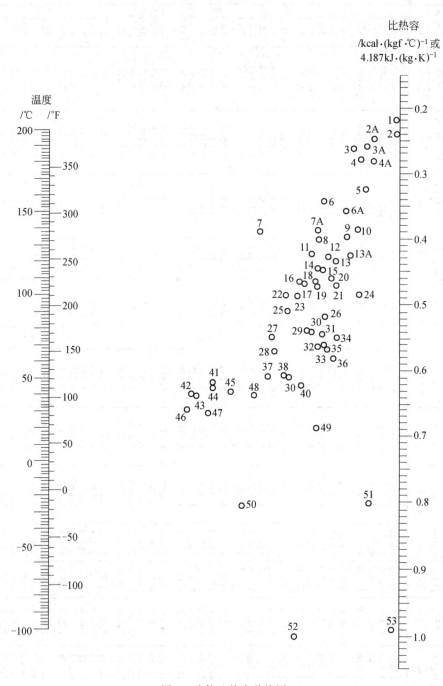

图 1　液体比热容共线图

表3　图1中各编号对应的物质

编号	名　称	温度范围/℃	编号	名　称	温度范围/℃	编号	名　称	温度范围/℃
53	水	10～200	6A	二氯乙烷	−30～60	47	异丙醇	−20～50
51	盐水(25%NaCl)	−40～20	3	过氯乙烯	−30～40	44	丁醇	0～100
49	盐水(25%CaCl₂)	−40～20	23	苯	10～80	43	异丁醇	0～100
52	氨	−70～50	23	甲苯	0～60	37	戊醇	−50～25
11	二氯化硫	−20～100	17	对二甲苯	0～100	41	异戊醇	10～100
2	二硫化碳	−100～25	18	间二甲苯	0～100	39	乙二醇	−40～200
9	硫酸(98%)	10～45	19	邻二甲苯	0～100	38	甘油	−40～20
48	盐酸(30%)	20～100	8	氯苯	0～100	27	苯甲醇	−20～30
35	己烷	−80～20	12	硝基苯	0～100	36	乙醚	−100～25
28	庚烷	0～60	30	苯胺	0～130	31	异丙醚	−80～200
33	辛烷	−50～25	10	苯甲基氯	−20～30	32	丙酮	20～50
34	壬烷	−50～25	25	乙苯	0～100	29	乙酸	0～80
21	癸烷	−80～25	15	联苯	80～120	24	乙酸乙酯	−50～25
13A	氯甲烷	−80～20	16	联苯醚	0～200	26	乙酸戊酯	0～100
5	二氯甲烷	−40～50	16	联苯-联苯醚	0～200	20	吡啶	−50～25
4	三氯甲烷	0～50	14	萘	90～200	2A	氟利昂-11	−20～70
22	二苯基甲烷	30～100	40	甲醇	−40～20	6	氟利昂-12	−40～15
3	四氯化碳	10～60	42	乙醇(100%)	30～80	4A	氟利昂-21	−20～70
13	氯乙烷	−30～40	46	乙醇(95%)	20～80	7A	氟利昂-22	−20～60
1	溴乙烷	5～25	50	乙醇(50%)	20～80	3A	氟利昂-113	−20～70
7	碘乙烷	0～100	45	丙醇	−20～100			

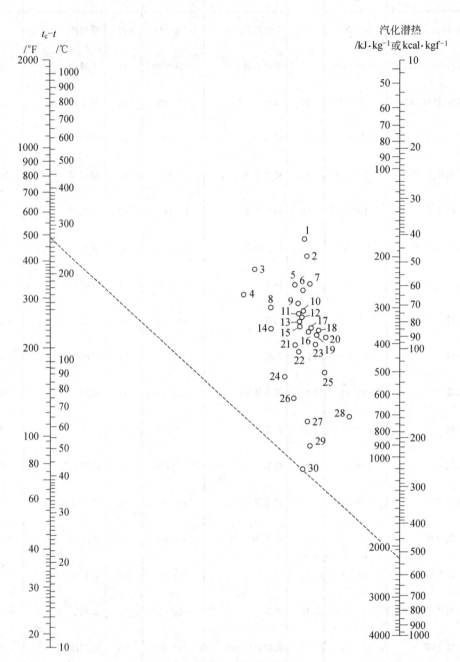

图 2　液体汽化潜热共线图

表 4　图 2 中各编号对应的物质

编号	名　称	$t_c/℃$	t_c-t 范围/℃	编号	名　称	$t_c/℃$	t_c-t 范围/℃
30	水	374	100～500	7	三氯甲烷	263	140～270
29	氨	133	50～200	2	四氯化碳	283	30～250
19	一氧化氮	36	25～150	17	氯乙烷	187	100～250
21	二氧化碳	31	10～100	13	苯	289	10～400
4	二硫化碳	273	140～275	3	联苯	527	171～400
14	二氧化硫	157	90～160	27	甲醇	240	40～250
25	乙烷	32	25～150	26	乙醇	243	20～140
23	丙烷	96	40～200	24	丙醇	264	20～200
16	丁烷	153	90～200	13	乙醚	194	10～400
15	异丁烷	134	80～200	22	丙酮	235	120～210
12	戊烷	197	20～200	18	乙酸	321	100～225
11	己烷	235	50～225	2	氟利昂-11	198	70～225
10	庚烷	267	20～300	2	氟利昂-12	111	40～200
9	辛烷	296	30～300	5	氟利昂-21	178	70～250
20	一氯甲烷	143	70～250	6	氟利昂-22	96	50～170
8	二氯甲烷	216	150～250	1	氟利昂-113	214	90～250

注：用法举例，求水在 $t=100℃$ 时的汽化潜热，从表中查得水的编号为 30，又查得水的 $t_c=374℃$，故得 $t_c-t=374-100=274℃$，在前页共线图的 t_c-t 标尺上定出 274℃ 的点，与图中编号为 30 的圆圈中心点连一直线，延长到汽化潜热的标尺，读出交点读数为 540kcal/kgf 或 2260kJ/kg。

表 5　泰勒标准筛（W. S. Tyler Standard）

网　目	筛孔尺寸	空　隙　率	网　目	筛孔尺寸	空　隙　率
m	a	ε	m	a	ε
/目(孔数·in^{-1})[①]	/μm	/%	/目(孔数·in^{-1})	/μm	/%
3.5	5613	59.7	35.0	417	32.9
4.0	4699	54.8	42.0	351	33.7
5.0	3962	60.8	48.0	295	31.1
6.0	3327	61.5	60.0	246	33.7
7.0	2794	54.4	65.0	208	28.3
8.0	2360	55.4	80.0	175	30.5
9.0	1981	49.4	100.0	147	33.5
10.0	1651	42.2	115.0	124	31.5
12.0	1397	44.0	150.0	104	37.4
14.0	1168	42.0	170.0	89	35.2
16.0	991	38.9	200.0	74	33.9
20.0	833	43.0	250.0	61	35.8
24.0	701	43.8	270.0	53	31.8
28.0	589	42.2	325.0	43	29.6
32.0	495	38.8	400.0	38	36.4

① 1in＝0.0254m，全书同。

表 6　乙醇-丙醇平衡数据（$p=101.325\text{kPa}$）

序号	液相组成	气相组成	沸点/℃	序号	液相组成	气相组成	沸点/℃
1	0	0	97.16	7	0.546	0.711	84.98
2	0.126	0.240	93.85	8	0.600	0.760	84.13
3	0.188	0.318	92.66	9	0.663	0.799	83.06
4	0.210	0.339	91.60	10	0.844	0.914	80.59
5	0.358	0.550	88.32	11	1.0	1.0	78.38
6	0.461	0.650	86.25				

表 7　乙醇-水溶液平衡数据（$p=101.325\text{kPa}$）

液相组成		气相组成		沸点/℃	液相组成		气相组成		沸点/℃
质量分数	摩尔分数	质量分数	摩尔分数		质量分数	摩尔分数	质量分数	摩尔分数	
2.00	0.79	19.7	8.76	97.65	50.00	28.12	77.0	56.71	81.90
4.00	1.61	33.3	16.34	95.80	52.00	29.80	77.5	57.41	81.70
6.00	2.34	41.0	21.45	94.15	54.00	31.47	78.0	58.11	81.50
8.00	3.29	47.6	26.21	92.60	56.00	33.24	78.5	58.78	81.30
10.00	4.16	52.2	29.92	91.30	58.00	35.09	79.0	59.55	81.20
12.00	5.07	55.8	33.06	90.50	60.00	36.98	79.5	60.29	81.00
14.00	5.98	58.8	35.83	89.20	62.00	38.95	80.0	61.02	80.85
16.00	6.86	61.1	38.06	88.30	64.00	41.02	80.5	61.61	80.65
18.00	7.95	63.2	40.18	87.70	66.00	43.17	81.0	62.52	80.50
20.00	8.92	65.0	42.09	87.00	68.00	45.41	81.6	63.43	80.40
22.00	9.93	66.6	43.82	86.40	70.00	47.74	82.1	64.21	80.20
24.00	11.00	68.0	45.41	85.95	72.00	50.16	82.8	65.34	80.00
26.00	12.08	69.3	46.90	85.40	74.00	52.68	83.4	66.28	79.85
28.00	13.19	70.3	48.08	85.00	76.00	55.34	84.1	67.42	79.72
30.00	14.35	71.3	49.30	84.70	78.00	58.11	84.9	68.76	79.65
32.00	15.55	72.1	50.27	84.30	80.00	61.02	85.8	70.29	79.50
34.00	16.77	72.9	51.27	83.85	82.00	64.05	86.7	71.86	79.30
36.00	18.03	73.5	52.04	83.70	84.00	67.27	87.7	73.61	79.10
38.00	19.34	74.0	52.68	83.40	86.00	70.63	88.9	75.82	78.85
40.00	20.68	74.6	53.46	83.10	88.00	74.15	90.1	78.00	78.65
42.00	22.07	75.1	54.12	82.65	90.00	77.88	91.3	80.42	78.50
44.00	23.51	75.6	54.80	82.50	92.00	81.83	92.7	83.26	78.30
46.00	25.00	76.1	55.48	82.35	94.00	85.97	94.2	86.40	78.20
48.00	26.53	76.5	56.03	82.15	95.57	89.41	95.57	89.41	78.15

表8　铂电阻分度表

分度号　Pt100，$R(0℃)=100.00Ω$ 　　　　　　　　　　　　　　　　　　　　/Ω

温度/℃	0	1	2	3	4	5	6	7	8	9
−30	88.22	87.83	87.43	87.04	86.64	86.25	85.85	85.46	85.06	84.67
−20	92.16	91.77	91.37	90.98	90.59	90.19	89.80	89.40	89.01	88.62
−10	96.09	95.69	95.30	94.91	94.52	94.12	93.73	93.34	92.95	92.55
0	100.00	99.61	99.22	98.83	98.44	98.04	97.65	97.26	96.87	96.48
0	100.00	100.39	100.78	101.17	101.56	101.95	102.34	102.73	103.13	103.51
10	103.90	104.29	104.68	105.07	105.46	105.85	106.24	106.63	107.02	107.40
20	107.79	108.18	108.57	108.96	109.35	109.73	110.12	110.51	110.90	111.28
30	111.67	112.06	112.45	112.83	113.22	113.61	113.99	114.38	114.77	115.15
40	115.54	115.93	116.31	116.70	117.08	117.47	117.85	118.24	118.62	119.01
50	119.40	119.78	120.16	120.55	120.93	121.32	121.70	122.09	122.47	122.86
60	123.24	123.62	124.01	124.39	124.77	125.16	125.54	125.92	126.31	126.69
70	127.07	127.45	127.84	128.22	128.60	128.98	129.37	129.75	130.13	130.51
80	130.89	131.27	131.66	132.04	132.42	132.80	133.18	133.56	133.94	134.32
90	134.70	135.08	135.46	135.84	136.22	136.60	136.98	137.36	137.74	138.12
100	138.50	138.88	139.26	139.64	140.02	140.39	140.77	141.15	141.53	141.91
110	142.29	142.66	143.04	143.42	143.80	144.17	144.55	144.93	145.31	145.68
120	146.06	146.44	146.81	147.19	147.57	147.94	148.32	148.70	149.07	149.45
130	149.82	150.20	150.57	150.95	151.33	151.70	152.08	152.45	152.83	153.20
140	153.58	153.95	154.32	154.70	155.07	155.45	155.82	156.19	156.57	156.94
150	157.31	157.69	158.06	158.43	158.81	159.18	159.55	159.93	160.30	160.67
160	161.04	161.42	161.79	162.16	162.53	162.90	163.27	163.65	164.02	164.39
170	164.76	165.13	165.50	165.87	166.24	166.61	166.98	167.35	167.72	168.09
180	168.46	168.83	169.20	169.57	169.94	170.31	170.68	171.05	171.42	171.79
190	172.16	172.53	172.90	173.26	173.63	174.00	174.37	174.74	175.10	175.47
200	175.84	176.21	176.57	176.94	177.31	177.68	178.04	178.41	178.78	179.14
210	179.51	179.88	180.24	180.61	180.97	181.34	181.71	182.07	182.44	182.80
220	183.17	183.53	183.90	184.26	184.63	184.99	185.36	185.72	186.09	186.45
230	186.82	187.18	187.54	187.91	188.27	188.63	189.00	189.36	189.72	190.09
240	190.45	190.81	191.18	191.54	191.90	192.26	192.63	192.99	193.35	193.71
250	194.07	194.44	194.80	195.16	195.52	195.88	196.24	196.60	196.96	197.33
260	197.69	198.05	198.41	198.77	199.13	199.49	199.85	200.21	200.57	200.93
270	201.29	201.65	202.01	202.36	202.72	203.08	203.44	203.80	204.16	204.52
280	204.88	205.23	205.59	205.95	206.31	206.67	207.02	207.38	207.74	208.10
290	208.45	208.81	209.17	209.52	209.88	210.24	210.59	210.95	211.31	211.66

表 9　镍铬-镍硅热电偶分度表

分度号　K　　　　　　　　　　　　　　　　　　　　　　　　　　　　　　　　　　　　/μV

温度/℃	0	1	2	3	4	5	6	7	8	9
0	0	39	79	119	158	198	238	277	317	357
10	397	437	477	517	557	597	637	677	718	758
20	798	838	879	919	960	1000	1041	1081	1122	1162
30	1203	1244	1285	1325	1366	1407	1448	1489	1529	1570
40	1611	1652	1693	1734	1776	1817	1858	1899	1940	1981
50	2022	2064	2105	2146	2188	2229	2270	2312	2353	2394
60	2436	2477	2519	2560	2601	2643	2684	2726	2767	2809
70	2850	2892	2933	2975	3016	3058	3100	3141	3183	3224
80	3266	3307	3349	3390	3432	3473	3515	3556	3598	3639
90	3681	3722	3764	3805	3847	3888	3930	3971	4012	4054
100	4095	4137	4178	4219	4261	4302	4343	4384	4426	4467
110	4508	4549	4590	4632	4673	4714	4755	4796	4837	4878
120	4919	4960	5001	5042	5083	5124	5164	5205	5246	5287
130	5327	5368	5409	5450	5490	5531	5571	5612	5652	5693
140	5733	5774	5814	5855	5895	5936	5976	6016	6057	6097
150	6137	6177	6218	6258	6298	6338	6378	6419	6459	6499
160	6539	6579	6619	6659	6699	6739	6779	6819	6859	6899
170	6939	6979	7019	7059	7099	7139	7179	7219	7259	7299
180	7338	7378	7418	7458	7498	7538	7578	7618	7658	7697
190	7737	7777	7817	7857	7897	7937	7977	8017	8057	8097
200	8137	8177	8216	8256	8296	8336	8376	8416	8456	8497
210	8537	8577	8617	8657	8697	8737	8777	8817	8857	8898
220	8938	8978	9018	9058	9099	9139	9179	9220	9260	9300
230	9341	9381	9421	9462	9502	9543	9583	9624	9664	9705
240	9745	9786	9826	9867	9907	9948	9989	10029	10070	10111
250	10151	10192	10233	10274	10315	10355	10396	10437	10478	10519
260	10560	10600	10641	10682	10723	10764	10805	10846	10887	10928
270	10969	11010	11051	11093	11134	11175	11216	11257	11298	11339
280	11381	11422	11463	11504	11546	11587	11628	11669	11711	11752
290	11793	11835	11876	11918	11959	12000	12042	12083	12125	12166
300	12207	12249	12290	12332	12373	12415	12456	12498	12539	12581
310	12623	12664	12706	12747	12789	12831	12872	12914	12955	12997
320	13039	13080	13122	13164	13205	13247	13289	13331	13372	13414
330	13456	13497	13539	13581	13623	13665	13706	13748	13790	13832
340	13874	13915	13957	13999	14041	14083	14125	14167	14208	14250
350	14292	14334	14376	14418	14460	14502	14544	14586	14628	14670
360	14712	14754	14796	14838	14880	14922	14964	15006	15048	15090
370	15132	15174	15216	15258	15300	15342	15384	15426	15468	15510
380	15552	15594	15636	15679	15721	15763	15805	15847	15889	15931
390	15974	16016	16058	16100	16142	16184	16227	16269	16311	16353
400	16395	16438	16480	16522	16564	16607	16649	16691	16733	16776
410	16818	16860	16902	16945	16987	17029	17072	17114	17156	17199
420	17241	17283	17326	17368	17410	17453	17495	17537	17580	17622
430	17664	17707	17749	17792	17834	17876	17919	17961	18004	18046
440	18088	18131	18173	18216	18258	18301	18343	18385	18428	18470
450	18513	18555	18598	18640	18683	18725	18768	18810	18853	18895
460	18938	18980	19023	19065	19108	19150	19193	19235	19278	19320
470	19363	19405	19448	19490	19533	19576	19618	19661	19703	19746
480	19788	19831	19873	19916	19959	20001	20044	20086	20129	20172
490	20214	20257	20299	20342	20385	20427	20470	20512	20555	20598
500	20640	20683	20725	20768	20811	20853	20896	20938	20981	21024
510	21066	21109	21152	21194	21237	21280	21322	21365	21407	21450
520	21493	21535	21578	21621	21663	21706	21749	21791	21834	21876
530	21919	21962	22004	22047	22090	22132	22175	22218	22260	22303
540	22346	22388	22431	22473	22516	22559	22601	22644	22687	22729

附录二　正　交　表

表 1　$L_4(2^3)$

实验号	列　号			实验号	列　号		
	1	2	3		1	2	3
1	1	1	1	3	2	1	2
2	1	2	2	4	2	2	1

注：任意两列间的交互作用为剩下一列。

表 2　$L_8(2^7)$

实验号	列　　　号						
	1	2	3	4	5	6	7
1	1	1	1	1	1	1	1
2	1	1	1	2	2	2	2
3	1	2	2	1	1	2	2
4	1	2	2	2	2	1	1
5	2	1	2	1	2	1	2
6	2	1	2	2	1	2	1
7	2	2	1	1	2	2	1
8	2	2	1	2	1	1	2

表 3　$L_8(2^7)$　两列间的交互作用表

列　号	列　　　号					
	1	2	3	4	5	6
7	6	5	4	3	2	1
6	7	4	5	2	3	
5	4	7	6	1		
4	5	6	7			
3	2	1				
2	3					

表 4　$L_8(2^7)$　表头设计

因子数	列　　　　　号						
	1	2	3	4	5	6	7
3	A	B	A×B	C	A×C	B×C	
4	A	B	A×B C×D	C	A×C B×D	B×C A×D	D
4	A C×D	B	A×B	C B×D	A×C	D B×C	A×D
5	A D×E	B C×D	A×B C×E	C B×D	A×C B×E	D A×E B×C	E A×D

表5　$L_{16}(2^{15})$

实验号	列　　号														
	1	2	3	4	5	6	7	8	9	10	11	12	13	14	15
1	1	1	1	1	1	1	1	1	1	1	1	1	1	1	1
2	1	1	1	1	1	1	1	2	2	2	2	2	2	2	2
3	1	1	1	2	2	2	2	1	1	1	1	2	2	2	2
4	1	1	1	2	2	2	2	2	2	2	2	1	1	1	1
5	1	2	2	1	1	2	2	1	1	2	2	1	1	2	2
6	1	2	2	1	1	2	2	2	2	1	1	2	2	1	1
7	1	2	2	2	2	1	1	1	1	2	2	2	2	1	1
8	1	2	2	2	2	1	1	2	2	1	1	1	1	2	2
9	2	1	2	1	2	1	2	1	2	1	2	1	2	1	2
10	2	1	2	1	2	1	2	2	1	2	1	2	1	2	1
11	2	1	2	2	1	2	1	1	2	1	2	2	1	2	1
12	2	1	2	2	1	2	1	2	1	2	1	1	2	1	2
13	2	2	1	1	2	2	1	1	2	2	1	1	2	2	1
14	2	2	1	1	2	2	1	2	1	1	2	2	1	1	2
15	2	2	1	2	1	1	2	1	2	2	1	2	1	1	2
16	2	2	1	2	1	1	2	2	1	1	2	1	2	2	1

表6　$L_{16}(2^{15})$　表头设计

因子数	列　　号														
	1	2	3	4	5	6	7	8	9	10	11	12	13	14	15
4	A	B	A×B	C	A×C	B×C		D	A×D	B×D		C×D			
5	A	B	A×B	C	A×C	B×C	D×E	D	A×D	B×D	C×E	C×D	B×E	A×E	E
6	A	B	A×B D×E	C	A×C D×F	B×C E×F		D	A×D B×E C×F	B×D A×E	E	C×D A×F	F		C×E B×F
7	A	B	A×B D×E F×G	C	A×C D×F E×G	B×C E×F D×G		D	A×D B×E C×F	B×D A×E C×G	E	C×D A×F B×G	F	G	C×E B×F A×G
8	A	B	A×B C×D F×G C×H	C	A×C D×F E×G B×H	B×C E×F D×G A×H	H	D	A×D B×E C×F G×H	B×D A×E C×G F×H	E	C×D A×F B×G E×H	F	G	C×E B×F A×G D×H

表7　$L_{16}(2^{15})$　两列间的交互作用表

列　号	列　　号													
	1	2	3	4	5	6	7	8	9	10	11	12	13	14
15	14	13	12	11	10	9	8	7	6	5	4	3	2	1
14	15	12	13	10	11	8	9	6	7	4	5	2	3	
13	12	15	14	9	8	11	10	5	4	7	6	1		
12	13	11	15	8	9	10	11	4	5	7	6	7		
11	10	9	8	15	14	13	12	3	2	1				
10	11	8	9	14	15	12	13	2	3					
9	8	11	10	13	12	15	14	1						
8	9	10	11	12	13	14	15							
7	6	5	4	3	2	1								
6	7	4	5	2	3									
5	4	7	6	1										
4	5	6	7											
3	2	1												
2	3													

表 8　$L_9(3^4)$

实验号	列号				实验号	列号			
	1	2	3	4		1	2	3	4
1	1	1	1	1	6	2	3	1	2
2	1	2	2	2	7	3	1	3	2
3	1	3	3	3	8	3	2	1	3
4	2	1	2	3	9	3	3	2	1
5	2	2	3	1					

注：任意两列间交互作用为另外两列。

表 9　$L_{27}(3^{13})$

实验号	列号												
	1	2	3	4	5	6	7	8	9	10	11	12	13
1	1	1	1	1	1	1	1	1	1	1	1	1	1
2	1	1	1	1	2	2	2	2	2	2	2	2	2
3	1	1	1	1	3	3	3	3	3	3	3	3	3
4	1	2	2	2	1	1	1	2	2	2	3	3	3
5	1	2	2	2	2	2	2	3	3	3	1	1	1
6	1	2	2	2	3	3	3	1	1	1	2	2	2
7	1	3	3	3	1	1	1	3	3	3	2	2	2
8	1	3	3	3	2	2	2	1	1	1	3	3	3
9	1	3	3	3	3	3	3	2	2	2	1	1	1
10	2	1	2	3	1	2	3	1	2	3	1	2	3
11	2	1	2	3	2	3	1	2	3	1	2	3	1
12	2	1	2	3	3	1	2	3	1	2	3	1	2
13	2	2	3	1	1	2	3	2	3	1	3	1	2
14	2	2	3	1	2	3	1	3	1	2	1	2	3
15	2	2	3	1	3	1	2	1	2	3	2	3	1
16	2	3	1	2	1	2	3	3	1	2	2	3	1
17	2	3	1	2	2	3	1	1	2	3	3	1	2
18	2	3	1	2	3	1	2	2	3	1	1	2	3
19	3	1	3	2	1	3	2	1	3	2	1	3	2
20	3	1	3	2	2	1	3	2	1	3	2	1	3
21	3	1	3	2	3	2	1	3	2	1	3	2	1
22	3	2	1	3	1	3	2	2	1	3	3	2	1
23	3	2	1	3	2	1	3	3	2	1	1	3	2
24	3	2	1	3	3	2	1	1	3	2	2	1	3
25	3	3	2	1	1	3	2	3	2	1	2	1	3
26	3	3	2	1	2	1	3	1	3	2	3	2	1
27	3	3	2	1	3	2	1	2	1	3	1	3	2

表 10　$L27(3^{18})$　两列间的交互作用表

列号	列号											
	1	2	3	4	5	6	7	8	9	10	11	12
13	11	7	5	6	3	4	2	4	3	2	1	1
	12	10	9	8	9	8	10	6	5	7	12	11
12	11	6	7	5	4	2	3	3	2	4	1	
	13	9	8	10	10	9	8	7	6	5	13	
11	12	5	6	7	2	3	4	2	4	3		
	13	8	10	9	8	10	9	5	7	6		
10	8	7	6	5	4	3	2	1	1			
	9	13	11	12	12	11	13	9	8			
9	8	6	5	7	3	2	4	1				
	10	12	13	11	13	12	11	10				
8	9	5	7	6	2	4	3					
	10	11	12	13	11	13	12					
7	5	10	8	9	1	1						
	6	13	12	11	6	5						
6	5	9	10	8	1							
	7	12	11	13	7							
5	6	8	9	10								
	7	11	13	12								
4	2	1	1									
	3	3	2									
3	2	1										
	4	4										
2	3											
	4											

表 11　L$_{27}$(3^{13}) 表头设计

因子数	列 号					
	1	2	3	4	5	6
3	A	B	(A×B)$_1$	(A×B)$_2$	C	(A×C)$_1$
4	A	B	(A×B)$_1$ (C×D)$_2$	(A×B)$_2$	C	(A×C)$_1$ (B×D)$_2$

附录三　F 分布数值表

(1) $\alpha = 0.25$

f_1 / f_2	1	2	3	4	5	6	7	8	9	10	12	15	20	60	∞
1	5.83	7.56	8.20	8.58	8.82	8.98	9.10	9.19	9.26	9.32	9.41	9.49	9.58	9.76	9.85
2	2.57	3.00	3.15	3.23	3.28	3.31	3.34	3.35	3.37	3.38	3.39	3.41	3.43	3.46	3.48
3	2.02	2.28	2.36	2.39	2.41	2.42	2.43	2.44	2.44	2.44	2.45	2.46	2.46	2.47	2.47
4	1.81	2.00	2.05	2.06	2.07	2.08	2.08	2.08	2.08	2.08	2.08	2.08	2.08	2.08	2.08
5	1.69	1.85	1.88	1.89	1.89	1.89	1.89	1.89	1.89	1.89	1.89	1.89	1.88	1.87	1.87
6	1.62	1.76	1.78	1.79	1.79	1.78	1.78	1.78	1.77	1.77	1.77	1.76	1.76	1.74	1.74
7	1.57	1.70	1.72	1.72	1.71	1.71	1.70	1.70	1.69	1.69	1.68	1.68	1.67	1.65	1.65
8	1.54	1.66	1.67	1.66	1.66	1.65	1.64	1.64	1.64	1.63	1.62	1.62	1.61	1.59	1.58
9	1.51	1.62	1.63	1.63	1.62	1.61	1.60	1.60	1.59	1.59	1.58	1.57	1.56	1.54	1.53
10	1.49	1.60	1.60	1.59	1.59	1.58	1.57	1.56	1.56	1.55	1.54	1.53	1.52	1.50	1.48
11	1.47	1.58	1.58	1.57	1.56	1.55	1.54	1.53	1.53	1.52	1.51	1.50	1.49	1.47	1.45
12	1.46	1.56	1.56	1.55	1.54	1.53	1.52	1.51	1.51	1.50	1.49	1.48	1.47	1.44	1.42
13	1.45	1.55	1.55	1.53	1.52	1.51	1.50	1.49	1.49	1.48	1.47	1.46	1.45	1.42	1.40
14	1.44	1.53	1.53	1.52	1.51	1.50	1.49	1.48	1.47	1.46	1.45	1.44	1.43	1.40	1.38
15	1.43	1.52	1.52	1.51	1.49	1.48	1.47	1.46	1.46	1.45	1.44	1.43	1.41	1.38	1.36
16	1.42	1.51	1.51	1.50	1.48	1.47	1.46	1.45	1.44	1.44	1.43	1.41	1.40	1.36	1.34
17	1.42	1.51	1.50	1.49	1.47	1.46	1.45	1.44	1.43	1.43	1.41	1.40	1.39	1.35	1.33
18	1.41	1.50	1.49	1.48	1.46	1.45	1.44	1.43	1.42	1.42	1.40	1.39	1.38	1.34	1.32
19	1.41	1.49	1.49	1.47	1.46	1.44	1.43	1.42	1.41	1.41	1.40	1.38	1.37	1.33	1.30
20	1.40	1.49	1.48	1.47	1.45	1.44	1.43	1.42	1.41	1.40	1.39	1.37	1.36	1.32	1.29
21	1.40	1.48	1.48	1.46	1.44	1.43	1.42	1.41	1.40	1.39	1.38	1.37	1.35	1.31	1.28
22	1.40	1.48	1.47	1.45	1.44	1.42	1.41	1.40	1.39	1.39	1.37	1.36	1.34	1.30	1.28
23	1.39	1.47	1.47	1.45	1.43	1.42	1.41	1.40	1.39	1.38	1.37	1.35	1.34	1.30	1.27
24	1.39	1.47	1.46	1.44	1.43	1.41	1.40	1.39	1.38	1.38	1.36	1.35	1.33	1.29	1.26
25	1.39	1.47	1.46	1.44	1.42	1.41	1.40	1.39	1.38	1.37	1.36	1.34	1.33	1.28	1.25
30	1.38	1.45	1.44	1.42	1.41	1.39	1.38	1.37	1.36	1.35	1.34	1.32	1.30	1.26	1.23
40	1.36	1.44	1.42	1.40	1.39	1.37	1.36	1.35	1.34	1.33	1.31	1.30	1.28	1.22	1.19
60	1.35	1.42	1.41	1.38	1.37	1.35	1.33	1.32	1.31	1.30	1.29	1.27	1.25	1.19	1.15
120	1.34	1.40	1.39	1.37	1.35	1.33	1.31	1.30	1.29	1.28	1.26	1.24	1.22	1.16	1.10
∞	1.32	1.39	1.37	1.35	1.33	1.31	1.29	1.28	1.27	1.25	1.24	1.22	1.19	1.12	1.00

（2）$\alpha = 0.10$

f_2 \ f_1	1	2	3	4	5	6	7	8	9	10	12	15	20	60	∞
1	39.9	49.6	53.6	55.8	57.2	58.2	59.9	59.4	59.9	60.2	60.7	61.2	61.7	62.8	63.3
2	8.53	9.00	9.16	9.24	9.29	9.33	9.35	9.37	9.38	9.39	9.41	9.42	9.44	9.47	9.49
3	5.54	5.46	5.39	5.34	5.31	5.28	5.27	5.25	5.24	5.23	5.22	5.20	5.18	5.15	5.13
4	4.54	4.32	4.19	4.11	4.05	4.01	3.98	3.95	3.94	3.92	3.90	3.87	3.84	3.79	3.76
5	4.06	3.78	3.62	3.52	3.45	3.40	3.37	3.34	3.32	3.30	3.27	3.24	3.21	3.14	3.10
6	3.78	3.46	3.29	3.18	3.11	3.05	3.01	2.98	2.96	2.94	2.90	2.87	2.84	2.76	2.72
7	3.59	3.26	3.07	2.96	2.88	2.83	2.78	2.75	2.72	2.70	2.67	2.63	2.59	2.51	2.47
8	3.46	3.11	2.92	2.81	2.73	2.67	2.62	2.59	2.56	2.54	2.50	2.46	2.42	2.34	2.29
9	3.36	3.01	2.81	2.69	2.61	2.55	2.51	2.47	2.44	2.42	2.33	2.34	2.30	2.21	2.16
10	3.28	2.92	2.73	2.61	2.52	2.46	2.41	2.38	2.35	2.32	2.28	2.24	2.20	2.11	2.06
11	3.23	2.86	2.66	2.54	2.45	2.39	2.34	2.30	2.27	2.25	2.21	2.17	2.12	2.03	1.97
12	3.18	2.81	2.61	2.48	2.39	2.33	2.28	2.24	2.21	2.19	2.15	2.10	2.06	1.96	1.90
13	3.14	2.76	2.56	2.43	2.35	2.28	2.23	2.20	2.16	2.14	2.10	2.95	2.01	1.90	1.85
14	3.10	2.73	2.52	2.39	2.31	2.24	2.19	2.15	2.12	2.10	2.05	2.01	1.96	1.86	1.80
15	3.07	2.70	2.49	2.36	2.27	2.21	2.16	2.12	2.09	2.06	2.02	1.97	1.92	1.82	1.76
16	3.05	2.67	2.46	2.33	2.24	2.18	2.13	2.09	2.08	2.03	1.99	1.94	1.89	1.78	1.72
17	3.03	2.64	2.44	2.31	2.22	2.15	2.10	2.06	2.03	2.00	1.96	1.91	1.86	1.75	1.69
18	3.01	2.62	2.42	2.29	2.20	2.13	2.08	2.04	2.00	1.98	1.93	1.89	1.84	1.72	1.66
19	2.99	2.61	2.40	2.27	2.18	2.11	2.06	2.02	1.98	1.96	1.91	1.86	1.81	1.70	1.63
20	2.97	2.59	2.38	2.25	2.16	2.00	2.04	2.00	1.96	1.94	1.89	1.84	1.79	1.68	1.61
21	2.96	2.57	2.36	2.23	2.14	2.08	2.02	1.98	1.95	1.92	1.87	1.83	1.78	1.66	1.59
22	2.95	2.56	2.35	2.22	2.13	2.06	2.01	1.97	1.93	1.90	1.86	1.81	1.76	1.64	1.57
23	2.94	2.55	2.34	2.21	2.11	2.05	1.99	1.95	1.92	1.89	1.84	1.80	1.74	1.62	1.55
24	2.93	2.54	2.33	2.19	2.10	2.04	1.98	1.94	1.91	1.88	1.83	1.78	1.73	1.61	1.53
25	2.92	2.53	2.32	2.18	2.09	2.02	1.97	1.93	1.89	1.87	1.82	1.77	1.72	1.59	1.52
30	2.88	2.49	2.28	2.14	2.05	1.98	1.93	1.88	1.85	1.82	1.77	1.72	1.67	1.54	1.46
40	2.84	2.44	2.23	2.09	2.00	1.93	1.87	1.83	1.79	1.76	1.71	1.66	1.61	1.47	1.38
60	2.79	2.39	2.18	2.04	1.95	1.87	1.82	1.77	1.74	1.71	1.66	1.60	1.54	1.40	1.29
120	2.75	2.35	2.13	1.99	1.90	1.82	1.77	1.72	1.68	1.65	1.60	1.55	1.48	1.32	1.19
∞	2.71	2.30	2.08	1.94	1.85	1.77	1.72	1.67	1.63	1.60	1.55	1.49	1.42	1.24	1.00

（3）$\alpha = 0.05$

f_2 \ f_1	1	2	3	4	5	6	7	8	9	10	12	15	20	60	∞
1	161.4	199.5	215.7	224.6	230.2	234.0	236.9	238.9	240.5	241.9	243.9	245.9	248.0	252.2	254.3
2	18.51	19.00	19.16	19.25	19.30	19.33	19.35	19.37	19.38	19.40	19.41	19.43	19.45	19.48	19.50
3	10.13	9.55	9.28	9.12	9.01	8.94	8.89	8.85	8.81	8.79	8.74	8.70	8.66	8.57	8.53
4	7.71	6.94	6.59	6.39	6.26	6.16	6.09	6.04	6.00	5.96	5.91	5.86	5.80	5.69	5.65
5	6.61	5.79	5.41	5.19	5.05	4.95	4.88	4.82	4.77	4.74	4.68	4.62	4.56	4.43	4.36
6	5.99	5.14	4.76	4.53	4.39	4.28	4.21	4.15	4.10	4.06	4.00	3.94	3.87	3.74	3.67
7	5.59	4.74	4.35	4.12	3.97	3.87	3.79	3.73	3.68	3.64	3.57	3.51	3.44	3.30	3.23
8	5.32	4.46	4.07	3.84	3.69	3.58	3.50	3.44	3.39	3.35	3.28	3.22	3.15	3.01	2.93
9	5.12	4.26	3.86	3.63	3.48	3.37	3.29	3.23	3.18	3.14	3.07	3.01	2.94	2.79	2.71
10	4.96	4.10	3.71	3.48	3.33	3.22	3.14	3.07	3.02	2.98	2.91	2.85	2.77	2.62	2.54

f_1 f_2	1	2	3	4	5	6	7	8	9	10	12	15	20	60	∞
11	4.84	3.98	3.59	3.36	3.20	3.09	3.01	2.95	2.90	2.85	2.79	2.72	2.65	2.49	2.40
12	4.75	3.89	3.49	3.26	3.11	3.00	2.91	2.85	2.80	2.75	2.69	2.62	2.54	2.38	2.30
13	4.67	3.81	3.41	3.18	3.03	2.92	2.83	2.77	2.71	2.67	2.60	2.53	2.46	2.30	2.21
14	4.60	3.74	3.34	3.11	2.96	2.85	2.76	2.70	2.65	2.60	2.53	2.46	2.39	2.22	2.13
15	4.54	3.68	3.29	3.06	2.90	2.79	2.71	2.64	2.59	2.54	2.48	2.40	2.33	2.16	2.07
16	4.49	3.63	3.24	3.01	2.85	2.74	2.66	2.59	2.54	2.49	2.42	2.35	2.28	2.11	2.01
17	4.45	3.59	3.20	2.96	2.81	2.70	2.61	2.55	2.49	2.45	2.38	2.31	2.23	2.06	1.96
18	4.41	3.55	3.16	2.93	2.77	2.66	2.58	2.51	2.46	2.41	2.34	2.27	2.19	2.02	1.92
19	4.38	3.52	3.13	2.90	2.74	2.63	2.54	2.48	2.42	2.38	2.31	2.23	2.16	1.98	1.88
20	4.35	3.49	3.10	2.87	2.71	2.60	2.51	2.45	2.39	2.35	2.28	2.20	2.12	1.95	1.84
21	4.32	3.47	3.07	2.84	2.68	2.57	2.49	2.42	2.37	2.32	2.25	2.18	2.10	1.92	1.81
22	4.30	3.44	3.05	2.82	2.66	2.55	2.46	2.40	2.34	2.30	2.23	2.15	2.07	1.89	1.78
23	4.28	3.42	3.03	2.80	2.64	2.53	2.44	2.37	2.32	2.27	2.20	2.13	2.05	1.86	1.76
24	4.26	3.40	3.01	2.78	2.62	2.51	2.42	2.36	2.30	2.25	2.18	2.11	2.03	1.84	1.73
25	4.24	3.39	2.99	2.76	2.60	2.49	2.40	2.34	2.28	2.24	2.16	2.09	2.01	1.82	1.71
30	4.17	3.32	2.92	2.69	2.53	2.42	2.33	2.27	2.21	2.16	2.09	2.01	1.93	1.74	1.62
40	4.08	3.23	2.84	2.61	2.45	2.34	2.25	2.18	2.12	2.08	2.00	1.92	1.84	1.64	1.51
60	4.00	3.15	2.76	2.53	2.37	2.25	2.17	2.10	2.04	1.99	1.92	1.84	1.75	1.53	1.39
120	3.92	3.07	2.68	2.45	2.29	2.17	2.09	2.02	1.96	1.91	1.83	1.75	1.66	1.43	1.25
∞	3.84	3.00	2.60	2.37	2.21	2.10	2.01	1.94	1.88	1.83	1.75	1.67	1.57	1.32	1.00

(4) $\alpha = 0.01$

f_1 f_2	1	2	3	4	5	6	7	8	9	10	12	15	20	60	∞
1	4052	4999.5	5403	5625	5764	5859	5928	5982	6022	6056	6106	6157	6209	6313	6366
2	98.50	99.00	99.17	99.25	99.30	99.33	99.36	99.37	99.39	99.40	99.42	99.43	99.45	99.48	99.50
3	34.12	30.82	29.46	28.71	28.24	27.91	27.67	27.49	27.35	27.23	27.05	26.87	26.69	26.32	26.13
4	21.20	18.00	16.99	15.98	15.52	15.21	14.98	14.80	14.66	14.55	14.37	14.20	14.02	13.65	13.46
5	16.26	13.27	12.06	11.39	10.97	10.67	10.46	10.29	10.16	10.05	9.89	9.72	9.55	9.20	9.02
6	13.75	10.92	9.78	9.15	8.75	8.47	8.26	8.10	7.98	7.87	7.72	7.56	7.40	7.06	6.88
7	12.25	9.55	8.45	7.85	7.46	7.19	6.99	6.84	6.72	6.62	6.47	6.31	6.16	5.82	5.65
8	11.26	8.65	7.59	7.01	6.63	6.37	6.18	6.03	5.91	5.81	5.67	5.52	5.36	5.03	4.86
9	10.56	8.02	6.99	6.42	6.06	5.80	5.61	5.47	5.35	5.26	5.11	4.96	4.81	4.48	4.31
10	10.04	7.56	6.55	5.99	5.64	5.39	5.20	5.06	4.94	4.85	4.71	4.56	4.41	4.08	3.91
11	9.65	7.21	6.22	5.67	5.32	5.07	4.89	4.74	4.63	4.54	4.40	4.25	4.10	3.78	3.60
12	9.33	6.93	5.95	5.41	5.06	4.82	4.64	4.50	4.39	4.30	4.16	4.01	3.86	3.54	3.36
13	9.07	6.70	5.74	5.21	4.86	4.62	4.44	4.30	4.19	4.10	3.96	3.82	3.66	3.34	3.17
14	8.86	6.51	5.56	5.04	4.69	4.46	4.28	4.14	4.03	3.94	3.80	3.66	3.51	3.18	3.00
15	8.68	6.36	5.42	4.89	4.56	4.32	4.14	4.00	3.89	3.80	3.67	3.52	3.87	3.05	2.87
16	8.53	6.23	5.29	4.77	4.44	4.20	4.03	3.89	3.78	3.69	3.55	3.41	3.26	2.93	2.75
17	8.40	6.11	5.18	4.67	4.34	4.10	3.93	3.79	3.68	3.59	3.46	3.31	3.16	2.83	2.65
18	8.29	6.01	5.09	4.58	4.25	4.01	3.84	3.71	3.60	3.51	3.37	3.23	3.08	2.75	2.57
19	8.18	5.93	5.01	4.50	4.17	3.94	3.77	3.63	3.52	3.43	3.30	3.15	3.00	2.67	2.49
20	8.10	5.85	4.94	4.43	4.10	3.87	3.70	3.56	3.46	3.37	3.23	3.09	2.94	2.61	2.42

续表

f_2 \ f_1	1	2	3	4	5	6	7	8	9	10	12	15	20	60	∞
21	8.02	5.78	4.87	4.37	4.04	3.81	3.64	3.51	3.40	3.31	3.17	3.03	2.88	2.55	2.36
22	7.95	5.72	4.82	4.31	3.99	3.76	3.59	3.45	3.35	3.26	3.12	2.98	2.83	2.50	2.31
23	7.88	5.66	4.76	4.26	3.94	3.71	3.54	3.41	3.30	3.21	3.07	2.93	2.78	2.45	2.26
24	7.82	5.61	4.72	4.22	3.90	3.67	3.50	3.36	3.26	3.17	3.03	2.89	2.74	2.40	2.21
25	7.77	5.57	4.68	4.18	3.85	3.63	3.46	3.32	3.22	3.13	2.99	2.85	2.70	2.36	2.17
30	7.56	5.39	4.51	4.02	3.70	3.47	3.30	3.17	3.07	2.98	2.84	2.70	2.55	2.21	2.01
40	7.31	5.18	4.31	3.83	3.51	3.29	3.12	2.99	2.89	2.80	2.66	2.52	2.37	2.02	1.80
60	7.08	4.98	4.13	3.65	3.34	3.12	2.95	2.82	2.72	2.63	2.50	2.35	2.20	1.84	1.60
120	6.85	4.76	3.95	3.48	3.17	2.96	2.79	2.66	2.56	2.47	2.34	2.91	2.03	1.66	1.38
∞	6.63	4.61	3.78	3.32	3.02	2.80	2.64	2.51	2.41	2.32	2.18	2.04	1.88	1.47	1.00

附录四　实验常见故障

故　障	原　因	排除方法
阻力		
U 形压差计不水平	管线内有气体	排气
倒 U 形压差计液位始终上升	压差计排气阀漏气或连接件漏气	关紧阀门适当拧紧卡套
测阻力时流量大,阻力小	分流	检查切换阀门
倒 U 形压差计一端液位置不变	堵塞	检查测压点和管线阀门
启动泵后无流量	吸入口、压出口阀门未开	打开阀门
泵		
泵抽不上水	入口阀门关闭	打开入口阀门
	泵体有气体	排气
	出口阀关闭	打开出口阀
流量大、功率偏小	灌水阀门未关	关闭
传热		
蒸汽量不足	蒸汽发生器液位太低	补水
	电压太低	待电压正常后再做
出口温度偏低(高)	测温元件位置不合理	把铂电阻置管线中心
风机风量不足	风机吸入口堵塞	清洁吸入口
壁温升高(大于102℃)	放空阀关闭	打开放空阀
套管内存液过多	回流不好	检查回流管线
精馏		
加料加不进去	原料过少液位太低	配制原料液
	塔内有压力	打开放空阀冷凝
回流不畅	气阻	打开放空阀
塔顶冷凝器过热	冷量不够	加大冷却水量
上升蒸汽量太少	电压低	检查加热器电压
针头取料困难	针头堵塞	更换针头
解吸实验		
空气量不足	风机吸入口堵塞	清洁吸入口
	系统压力太大	检查流程是否堵塞
水量不足	水压太小	加大水压
	喷淋头或吸收柱支撑网堵塞	清洁
取样困难	阀门堵塞	清洗
安全阀放空	氧气减压阀调压太高	调低压力
氧气流量计进水	氧气压力低	调高
	阀门切换错误	先开氧气再开水

故　障	原　因	排　除　方　法
干燥实验		
床层不沸腾	物料太多	取出一些物料
	风量不够	检查风机及系统
温度控制失灵	仪表故障	检查仪表
干燥速度太慢	控温过低	提高温度
干、湿球温度相近	湿球温度缺水	加水
AI 仪表		
设定值窗口闪动显示"orAL"	信号超出量程	调整 DIL、DIH 参数
测量值零点漂移		使用 Sc 参数调整
温度值显示不正常(几百)	信号线断路	检查信号线接头并连通
控制柜		
按钮启动,电机不运转	电路被保护切断	更换熔断器(保险)检查空气开关、热继电器复位按钮并导通

参 考 文 献

[1] 邓建中，葛仁杰，程正兴著．计算方法．西安：西安交通大学出版社，1996.
[2] 汪荣鑫著．数理统计．西安：西安交通大学出版社，2000.
[3] 肖明耀著．误差理论与应用．北京：计量出版社，1985.
[4] 费业泰主编．误差理论与数据处理．北京：机械工业出版社，1987.
[5] 华伯泉编著．简明数理统计学．天津：天津人民出版社，1988.
[6] 林成森编著．数值计算方法（上册）．北京：科学出版社，1998.
[7] 毛英泰主编．误差理论与精度分析．北京：国防工业出版社，1982.
[8] Philip J，Davis，Philip Rabinowitz 著．数值积分方法．冯振兴，伍富良译．北京：高等教育出版社 1986.
[9] ［美］Robert W，Hornbeck 著．数值方法．刘元久，郭耀煌，蔡廷玉译．北京：中国铁道出版社，1982.
[10] 江体乾编著．化工数据处理．北京：化学工业出版社，1984.
[11] 房鼎业，乐清华，李福清主编．化学工程与工艺专业实验．北京：化学工业出版社，2000.
[12] 厉玉鸣主编．化工仪表及自动化．第2版．北京：化学工业出版社，1997.
[13] 陈国芸，翟谷江，吴乃登．化工原理实验．上海：华东理工大学出版社，2001.
[14] 雷良恒，潘国昌，郭庆丰编著．化工原理实验．北京：清华大学出版社，1994.
[15] 冯亚云，主编．化工基础实验．北京：化学工业出版社，2000.
[16] 李云倩主编．化工原理（上册）．北京：中央广播电视大学出版社，1991.
[17] 谭天恩，麦本熙，丁惠华编著．化工原理（下册）．北京：化学工业出版社，1980.